猫咪全阶段

科学养护指南

斜对面的老阳 · 著

电子工业出版社

Publishing House of Electronics Industry

北京 · BEIJING

图书在版编目（ＣＩＰ）数据

猫咪全阶段科学养护指南 / 斜对面的老阳著. -- 北京 ：电子工业出版社，2024.9

ISBN 978-7-121-47489-7

Ⅰ．①猫… Ⅱ．①斜… Ⅲ．①猫－驯养－指南 Ⅳ．①S829.3-62

中国国家版本馆 CIP 数据核字 (2024) 第 053968 号

责任编辑：周　林　　特约编辑：谢萌凡
印　　刷：北京缤索印刷有限公司
装　　订：北京缤索印刷有限公司
出版发行：电子工业出版社
　　　　　北京市海淀区万寿路 173 信箱　　邮编：100036
开　　本：787×1 092　1/32　　印张：9.5　字数：243千字
版　　次：2024 年 9 月第 1 版
印　　次：2025 年 4 月第 2 次印刷
定　　价：49.80元

凡所购买电子工业出版社图书有缺损问题，请向购买书店调换。若书店售缺，请与本社发行部联系，联系及邮购电话：(010) 88254888，88258888。

质量投诉请发邮件至 zlts@phei.com.cn，盗版侵权举报请发邮件至 dbqq@phei.com.cn。

本书咨询联系方式：zhoulin@phei.com.cn。

不管是已经有猫的铲屎官，还是正在准备养猫的预备铲屎官，感谢你们选择这本书，感谢你们为猫做出的这份努力。

　　写作这本书时，我们尽己所能地为读者贡献最好的内容。当然，扪心自问，这不算非常有趣的书，它可能更偏向于一本工具书。相信大家在第一次看完之后并不能记住书里面的所有细节，因为书里包含的东西太多了。

　　第1章我们聚焦于"有猫以前"，教大家如何领养猫，传达"领养代替购买"的观念。如果你也接受且喜欢这个观念，希望你在日常的生活中给更多没有养猫的朋友传达这个观念，让更多人接受"领养代替购买"这个观念，甚至去领养一只猫。

　　除了领养，我们还讲到如何买猫，讲了一些有关品种的浅层知识。关于品种，其实需要一本专门的书才能讲全，因为里面的内容非常多，门道也非常多。我们希望能让新手尽量不踩坑，带领大家入门就是这本书的初衷。如果对品种感兴趣或有需求，读者可以再去加深研究。

第 2~7 章我们讲了"与猫同居"的一些事情。第一件事情对所有主人来说都非常重要，就是猫应该吃什么。在第 2 章中，我们将总结了多年的检测经验、对猫粮的判断逻辑，都一一告诉大家。先让大家了解最基础的猫粮原料组成、怎样叫择优、什么样的要尽量避免、建议什么样的饮食种类，希望能够让大家掌握基础判断逻辑，光是学会这一点，在买猫粮这件事情上就会少踩坑，少受罪！

第 3 章我们讲猫喝水的事，其实喝水真的非常重要，猫患病跟没有好好喝水有很大的关联。我们专门拎出一章来非常严肃地讲如何选择水源，写作过程中我们自己也很珍惜这个机会，毕竟同样的内容放在网络上可能很难找到感兴趣的读者。

第 4 章我们讲了猫玩具，第 5 章和第 6 章讲了猫的居住和出行，第 7 章介绍了猫的肠胃、性格，以及它行为背后的秘密，这些经常让铲屎官摸不着头脑，有的人甚至因此想要放弃养

猫。针对这些内容我们进行了详细讲解，但是这些答案都不是唯一的，大家可以多去看，然后多去理解，其实条条大路通罗马，解决方案一定是非常多的，我们提到的只是我们认为比较合适或者说执行度比较高的。

本书是写给大众看的，所以可能有一些内容讲得比较基础，比如第 8 章讲猫的日常照护，包括如何给猫剪指甲、洗澡、美毛、刷牙，等等，可能一些有经验的主人会认为这些东西我都知道了，没有关系，这很正常。对养了很多年猫的朋友来说，如果可以通过本书回顾一下这些年是否有疏漏的地方，那我们就觉得本书在一定程度上实现它的价值了。

最后，在本书第 9 章，我们讲到了如何进行猫病的初判断，什么样的体检是有效的，怎么选择正规的宠物医院，如何避免被不正规的医院坑钱……这些都是我们经过多年积淀专门总结出来的经验，也包括我们跟一些兽医朋友交流，最终得出来的比较普适的结论。

这部分内容会偏专业一点，初看的时候会觉得有难度，想要放弃，这都很正常。我们希望这本书能让大家"常翻、常新、常看"，在养猫的路上，希望大家坚持，找到跟猫相处的乐趣，然后不要弃养！

如果这本书能让大家在养猫前有一个基本的心理准备，明白养猫不简单，养猫要做这么多事情。尽管了解了这些，还是想养一只猫，并且想为它做到这些事情，那我们就觉得这本书写得值得。

本书写到了一些较难的内容，欢迎大家通过各个网络平台跟我们进行沟通互动，我们可以进一步解答相关问题。

感谢大家百忙之中抽出时间，来为猫阅读这本内容丰富的书。每一只猫都是因为缘分才来到我们身边的，希望它们健健康康，跟主人一起愉快地度过一段有意义的时光。

希望大家照顾好猫，也照顾好自己。感谢选择《猫咪全阶段科学养护指南》这本书作为你们的养猫启蒙或反省回顾的起点，我们深感荣幸！由于时间仓促，书中内容难免有不妥之处，欢迎读者指正。

目录

第 **8** 章　做好猫咪的日常照护

第9章 猫的常见疾病判断与预防

---〈 第 **1** 章 〉---

有猫以前

之 猫咪的领养与选购

　　"养猫不易"是句真心话，养猫从头到尾都不是轻松事儿。不易到什么程度呢？大概就是连养什么猫、领养还是购买、购买找谁买，都得做足功课，才能避免遇到糟心事儿。养猫养猫，第一件事咱们得有猫，在购买和领养之间，我会选择领养，也希望越来越多的预备铲屎官可以了解领养这件事儿。

第1节

领养代替购买

因为我们团队多年来致力于宠物科普、宠物用品测评，所以经常有朋友突然给我发微信，说要养猫了，让我快帮帮他。

早年间大家养的猫基本都是买来的，这些年越来越多的人选择去领养机构领养猫或收养在路边遇到的流浪猫，我们甚是欣慰。如果看到这里，刚好你也没猫，请允许我对你大吼：领养代替购买！（当然，自主选择的时代，正规猫舍的"主子"也是好的。）

下面给大家科普一下领养的概念和需要注意的一些信息。

什么叫领养

去正规领养机构领养、将路边遇到的流浪猫带回家，都叫领养。

普适的领养救助信息发布格式

如果你关注过领养救助，那你应该有基本的感知，网上有各种各样的救助人在发布领养信息，有的是一张照片加一个微信号；有的是很长一段，各种基本信息都具备；有的可能介于两者之间。新手铲屎官应该会觉得非常困惑和混乱，不知道怎么选择。

事实上，我们通过发布的领养救助信息也能从侧面分析救助人的靠谱程度，进而选择靠谱的救助人，领养对方救助的流浪猫。反过来说，如果你突然救助了一只流浪猫，在发布领养信息前，也可以参考我们整理的救助信息发布格式，这样一是可以少遇到糟心事，二是能让领养人感知到你的专业度。示例如下。

---

1. 猫咪基本信息

猫咪姓名：_____（救助人暂取，后续可由主人更改）

猫咪体重：_____kg

猫咪年龄：_____岁 / _____个月

猫咪健康情况：是否体检，体检结果_____。

　　　　　　　是否绝育、是否打过疫苗（存在需要领养人承担绝育疫苗费或领养人救助人平摊绝育疫苗救助费的情况）。

目前主粮：_____品牌，一天_____g，

　　　　　希望领养后猫粮不要低于_____水平。

猫咪性格：是否亲人，是否亲猫或亲狗，是否适合多猫家庭。

救助故事：救助人如何遇到猫咪，因为什么情况进行了救助，救助过程阐述，目前猫咪适应情况如何。

---

2. 领养条件

主人职业或年龄要求：＿＿＿＿＿＿岁以上，有稳定工作，本地人优先（部分救助人会考虑本地人较稳定，不容易弃养，这取决于个人判断，无关乎对错）。

接受回访： 领养第一周内，每天视频回访。

领养第二周内，接受上门回访。

家庭环境： 需封窗。

家人接受度： 同居人员需全员接受养猫。

身份信息： 需接受身份证相关信息登记（以免后续出现弃养或其他消极情况）。

 如何领养一只猫

步骤 1

关注领养渠道

通过常用信息平台，如微博、微信公众号、小红书、豆瓣、抖音等，关注一些当地救助机构、救助人，网络上也有各地救助机构的信息汇总。

微博　　　微信公众号　　　小红书　　　豆瓣

● 领养渠道

成为某只猫的长期稳定"饭票"

有的领养人会通过照片、视频和救助人或机构提供的猫咪信息直接决定是否领养。个人还是建议大家先去实地见见猫，了解猫的个性，尝试初次相处。在领养前对猫有充分的了解，能够减少将猫带回家之后发现不符合预期情况的出现，也能避免出现弃养的想法。

做好带猫回家之前的准备

如果时间允许，可以在常见电商平台上选购猫衣食住行所需的装备；如果时间较紧迫，可以先准备最基础、能应急的装备，后续再慢慢增加、升级，下面提供两个版本以供选择。

（1）时间充足版：猫粮（因选择较多，每个养猫人

猫粮、主食罐、
主食冻干

猫砂、猫砂盆、
食碗、水碗

猫窝、猫抓板、
嗅闻垫、逗猫棒

棉签、人用维生
素B族补充片、鱼
油、人用布拉迪益
生菌、双氧水、洁
耳液、耳螨药等

● 如果时间充足，可提前选购
猫衣食住行所需的装备

的情况不同,具体怎么选购可以看后续的章节)、主食罐、主食冻干(看预算,可当零食偶尔给)、猫砂、猫砂盆、食碗、水碗、猫窝、猫抓板、嗅闻垫、逗猫棒、棉签、药品及保健品(人用维生素B族补充片、品质较好的鱼油、人用布拉迪益生菌、双氧水等,洁耳液和耳螨药市面上的产品参差不齐,视具体情况再备亦可)。

(2)**时间紧迫版:**猫粮(因选择较多,每个养猫人的情况不同,具体怎么选购可以看后续的章节)、猫砂、猫砂盆、食碗、水碗。

● 如果时间较紧迫,先准备基础应急的装备

带回家后需应对的情况

将猫咪带回家的前三天,猫咪可能会不适应新环境,躲在某个角落不肯出来活动,这时候不要强制抱出,否则可能会导致猫咪更紧张甚至误伤你。也可能出现猫咪

● 不适应新环境，猫咪
会躲在角落

● 因为换环境，猫咪可能出
现应激反应，如呕吐等

躲起来不饮不食的情况，这时候最好把猫咪的水碗、食碗放在它藏匿角落的附近，记住水和食物的量。然后保持较远距离，不要一直对猫咪过分关注和打扰，间隔较长时间后去看看碗里的食物和水是否有变少。只要水量有减少，就是好征兆，保持这样一点点互相熟悉的速度就可以。

将猫咪带回家的前一两周其实都算入猫初步熟悉期，不要着急，慢慢观察你家猫咪的喜好、性格，以及它的身体健康情况。很多猫咪会因为换环境应激而出现一些症状，最常见的症状如下。

（1）呕吐（当然也可能是吐毛）： 呕吐的原因很多，如果见到类似分泌物，请先拍高清图再清理，以备医生辅助诊断时使用。

（2）软便： 软便产生的原因也很多，比如突然换粮、天气转凉肠胃受冷、偷吃了东西、肠胃炎等，所以建议每天都观察猫咪的尿团和大便。关于大便健康程度，可以参考下页图片。

（3）排尿情况不正常： 部分猫在

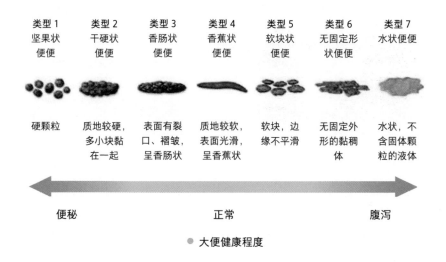

类型 1 坚果状 便便	类型 2 干硬状 便便	类型 3 香肠状 便便	类型 4 香蕉状 便便	类型 5 软块状 便便	类型 6 无固定形 状便便	类型 7 水状便便
硬颗粒	质地较硬， 多小块黏 在一起	表面有裂 口、褶皱， 呈香肠状	质地较软， 表面光滑， 呈香蕉状	软块，边 缘不平滑	无固定外 形的黏稠 体	水状，不 含固体颗 粒的液体

便秘　　　　　　　　　正常　　　　　　　　　腹泻

● 大便健康程度

更换环境、恐惧紧张的时候，其泌尿系统会出问题，多表现为尿闭（通俗来说就是不小便）或尿血，这种情况比较紧急。如果你发现猫咪有喝水但不小便持续一天以上，猫砂盆无尿团或有尿团带血的情况，就需要赶紧带猫咪去医院检查。

尿闭

尿血

● 更换环境、紧张恐惧时，猫咪可能会出现尿闭、尿血

如果猫发烧打喷嚏，最好进行传染病排查

（4）发烧打喷嚏： 如果接猫之前猫有过详细的体检，未携带其他病毒，那很有可能它感冒了。如果没有经过详细体检，请等猫稍微适应一些后，将它带去医院进行血常规、PCR、常见传染病等排查。一般来说，可以摸猫耳朵来感受其是否异常且是否长时间发热，摸猫鼻子感受其是否发干发热，观察猫是否伴随食欲不振、精神不佳的情况，以此来综合判断。也可以准备耳温枪，若不会使用，最好在宠物医院请医生手把手教一下，或在网络上充分学习后再操作。

> **铲屎官温馨提示**
>
> 　　总的来说，在人猫熟悉的阶段，大家需要打起十二分精神关注猫咪的健康情况，随时准备处理应急状况。但是也不要过分紧张，若将紧张的情绪传递给猫咪可能会适得其反。最后真心感谢每一位选择领养或将要选择领养的猫家长，领养并不全是好的一面，领养的流浪猫有些性格很好，很适合新手养，有些可能性格古怪或流浪期间生病留有后遗症需悉心照顾，可能会有不适应猫砂盆乱尿的情况。

　　所以，综合考虑自己的实际情况，再决定是否要领养代替购买吧，这件事完全取决于大家的自主选择。但不管你是选择领养还是选择购买，最重要的是请做到不离不弃，并在自己能力范围内给猫最好的照顾。

如何选购一只猫

国内的宠物市场目前整体处于新兴阶段，处于一个从无序到有序的发展过程中。在此期间，铲屎官们面临很多诱惑和坑。但当我们进行充分的学习和了解后，我们可以主动选择一种更有利于良性发展的购猫渠道，毕竟大局势的改变都取决于每个人的小小决定。

下面列举一些目前常见的购猫渠道，以及对这些渠道的个人见解，大家可以综合参考，得出自己的结论。

常见的购猫渠道

1. 猫舍

猫舍一般分为有证猫舍和无证猫舍。有证猫舍经常提到的颁证协会

● 猫舍

有 CFA（国际爱猫联合会）、TICA（国际猫协会）、WCF（世界联合猫会）等。以最经常看到的 CFA 为例，这个协会于 1906 年成立，协会制定了品种规则，根据长相给纯种品种猫编号、命名、打分，饲养、繁育品种猫的猫舍可以在 CFA 官网上进行血统注册。理论上，这样可以确保自己猫舍出生的小猫有清晰的血统来源和证明。这样做的好处是可以追根寻本，看了小猫的证明后，再对应去 CFA 官网上搜编号，基本就能知道小猫父母的长相，还有小猫的出生窝次。

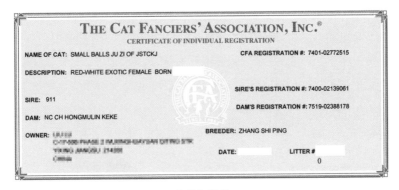

● CFA 证书

但证书不是万能的！建议大家把证书作为区分猫舍老板是否有基本常识、认真态度的敲门砖。在有证书的猫舍里，请大家更多地去关注猫舍的"动物福利"如何。

动物福利有很多专业的解释，关于猫的动物福利，我是这么理解的（通俗版）：

吃什么？主粮是否健康合理？

住什么？生活是否有舒适的空间？

玩什么？是否有正常猫该有的猫群社交行为？与其他猫相处是否和谐有度？与人的互动是否轻松自然？

健康保障如何？是否有合理的疫苗、体检、医疗以及合理的生育频率？

猫舍赚钱、求利是理所应当的，但怎么赚钱、赚多少钱，猫舍老板会做出自己的选择，这是不管哪个协会都没法完全规范和管理的情况。在购猫的路上，希望预备铲屎官们可以选择有证且动物福利有保障的猫舍，这样和你有缘的猫，大概率会更健康、幸福地迎接你。

至于无证猫舍，在此就不再赘述了，有些预备铲屎官可能会遇到个别猫舍虽然无证，但是动物福利似乎还不错，这时就动摇了，是吗？不是死板地不许大家动摇，只是需要大家问自己一个问题：都能保证动物福利了，为啥没能去注册一张并不算难办的CFA证书？是猫咪父母的血缘没登记，还是有什么难言之隐呢？这个问题，心动的预备铲屎官们可以思考看看。

2. 花鸟市场

在猫舍还属于小众概念的时候，相信绝大部分铲屎官是在花鸟市场或者类似集市购买宠物的。从表象上来看，它们大部分价格便宜，在猫舍卖一两万元的猫，这里可能只用一两千元。

● 花鸟市场的猫

从外表看一般咱们都不太能看得出区别，但个人建议还是应慎重选择这种购买渠道。先别谈血缘清晰和动物福利了，这里的猫很可能天天被关在笼子里，从出生到你见到它的那一刻，可能都存在着吃劣质猫粮、患有猫瘟（星期猫）、携带冠状病毒（携带该病毒的猫可能这辈子都得和冠状病毒做斗争）等情况。

3. 商场

这两年商场有"卖猫快闪店"，有的宠物店也开进了商场，有的猫咖啡馆也销售猫。

其中，"卖猫快闪店"大部分是猫舍，猫舍老板会临时把猫用笼子装好，露天或在商场1楼室内摆设"快闪摊位"。开在商场里的宠物店，待售猫要么在活动区域与人互动，要么被关在格子间被围观，等着被有缘人领走。商场里的宠物店最近人气渐长，但我对这两种形态的售猫行为持保留意见，主要还是担心动物福利得不到保障，比如病痛医疗自由、生活空间自由等。

● 商场宠物活动

● 宠物店格子间

4. 宠物店

关于宠物店的猫繁育情况，我们遇到过的大部分都比较随便，近亲繁育、私人配种都有可能，而且生活空间基本局限在格子间内。它们价格不等，还可能可以"充会员送猫"，但建议大家三思，世上没有天上掉馅饼的事情，最怕现在省的钱某天会变成猫咪的医药费，到时候你的钱包以及猫咪都会苦不堪言。

5. 朋友赠送、个人繁育

朋友赠送是比较尴尬的情况，比如，朋友在网上帮猫找了对象配种，生下来的小猫可能自养，养不了的送给你，或在朋友圈儿白元到一两千元卖掉，我斗胆把这种情况定义为"个人繁育"吧。靠网络给猫找对象配种的朋友，可能没什么经验，就算有血缘追溯意识，也不一定能鉴别真伪。他们在整个孕期护理、产后护理和初生护理上可能都缺乏经验，在医疗、疫苗管理上也可能不够完善。所以接此类型的猫回家，要多注意身体检查、社会化行为观察，这并不是一件轻松的事。

还有一种朋友送养非常特殊，可能是朋友因客观因素没法继续养才将猫送人的，虽然我们坚决认为养猫狗应该负责到底，但天有不测风云，

● 朋友圈送养信息

在这里也不需要一竿子打死想送你猫的朋友。夸大点说，如果你接收这只猫，我认为算救赎猫也救赎朋友吧，这时候前面说的动物福利、血缘追溯考察都没啥意义，毕竟如果最后没人接收，这只猫大概率就会被弃养。所以如果你要承担这次救赎任务，请事无巨细地了解猫咪过去的经历、性格、病史、疫苗情况、饮食水平等，综合分析你是否能保证它的生活福利及医疗自由。如果这些你都做得到，也愿意救赎这只猫，那就行动起来吧。

铲屎官
温馨提示

以上信息，就是如今大家都能接触到的购猫渠道情况，相信看到这里，你们对各个渠道都能有较为清晰的认知和判断。选择权在预备铲屎官的手上，希望大家用消费行动投票，让市场正循环起来！

知道自己该在哪里买猫之后，新问题就来啦——买什么猫。

猫的品种怎么选

买什么品种的猫，基本取决于你的预算和喜好。如果你平时没有明确的目标，可以去 CFA 官网尽情了解它们的长相和大致习性（但千猫千面，就像星座也有显性和隐性之分一样）。

这里精简列举一些《猫行为健康和福利》一书中总结的常见猫品种的行为特征和易患疾病信息，如下表所示。

各品种猫的常见信息表

品种	行为特征和性格描述	易患疾病
美国短毛猫	适应性强、安静、性情平和	肥厚型心肌病
英国短毛猫	平静、对人类友好，但不愿意趴在人腿上	B型血友病 肥厚型心肌病
柯尼斯卷毛、德文卷毛	活泼友爱、充满活力、擅长使用猫砂盆、喜攀爬跳跃、较少进行尿液标记	麻药过敏 先天性稀毛症 马拉色菌性皮炎 髌骨脱位 脐疝 维生素K依赖性凝血障碍
长毛家猫	擅长使用猫砂盆、经常进行尿液标记、中级友爱、中级攻击性	α-甘露糖贮积症 基底细胞瘤 先天性门脉分流 脆皮症 肥厚型心肌病 多囊肾

品种	行为特征和性格描述	易患疾病
短毛家猫	活跃友爱、对不熟悉的人友好、有攻击性、擅长使用猫砂盆、经常进行尿液标记、爱玩、捕猎鸣禽	α-甘露糖贮积症 解剖结构缺损 先天性白内障 先天性重症肌无力 先天性门脉分流 ……
异国短毛猫（也称加菲猫）	友爱、害怕不熟悉的人、对人类关爱度低、比波斯猫活跃、安静	泪溢 多囊肾
缅因猫	对人类友爱、擅长使用猫砂盆、不害怕不熟悉的人、不爱叫、放松、易相处	髋关节发育不良 肥厚型心肌病
挪威森林猫	活跃、与家庭互动、中等程度恐惧、不爱叫	Ⅳ型糖原贮积症
东方短毛猫	活跃友爱、擅长使用猫砂盆、攻击性比暹罗猫低、中等程度尿液标记、爱叫	精神性脱毛

品种	行为特征和性格描述	易患疾病
布偶猫	友爱温顺、对不熟悉的人友好、与小孩很好相处、无攻击性	肥厚型心肌病
暹罗猫	活跃友爱、攻击其他猫、高需求、经常进行尿液标记、爱玩耍、爱叫、抓家具	淀粉样变 芽生菌病 蜡样脂褐质沉积症 乳糜胸 先天性白内障 ……
斯芬克斯猫（也称无毛猫）	活跃友爱、非常友好、喜爱待在人腿上、擅长使用猫砂盆、好奇、较少进行尿液标记、对不熟悉的人不友好、爱玩耍	麻药过敏
阿比西尼亚猫	攻击人但会与主人互动、攻击其他猫、非常聪明、不愿待在人腿上、抓家具、会进行尿液标记、捕猎鸣禽	淀粉样变 芽生菌病 先天性甲状腺功能减退 隐球菌病 扩张型心肌病 灰黄霉素过敏 ……

上述性格特征和易患病症仅作为参考，千猫千面，每只猫都有不同的性格。有的品种易患病症较多，但并不都是高发的，不过像肥厚型心肌病、马拉色菌性皮炎可以多加关注，如果有类似症状，一定要及时就医，即便没有类似症状，最好也每年给猫咪进行一次深度体检。除上述品种，有条件的预备铲屎官可以去国际猫护理网站上深度学习。

不建议买的品种

目前有3个品种的猫我们不建议大家选择：折耳猫、异国短毛（加菲）猫、曼基康（矮脚猫）。

1. 折耳猫

折耳猫的长相特征其实是由于软骨发育不良造成的，基因缺陷也会导致软骨的严重异常。所有折耳猫都会出现骨骼发育缺陷和严重的软骨异常，这会导致严重的关节炎，发病只是时间早晚的问题，发病后不仅非常难以护理，而且对猫的日常生活可以说是毁灭性的打击。

● 不建议购买折耳猫

预备铲屎官们千万不要心存侥幸。

不养折耳猫从我们做起，用消费倒逼市场不要再进行折耳猫繁育。

2. 异国短毛（加菲）猫

异短猫虽然是各大猫协会普遍承认的品种，流行时间也很长，但异短猫铲屎官和学者越来越注意到，异短猫脸部扁平的特征让猫的整个头骨和相关结构发生了明显变化。它们可能会出现因下颌畸形引起的牙齿疾病和饮食饮水问题，小鼻孔和过长的软腭也会导致严重的呼吸问题。另外，因为泪管不能通过自然路径正确流到鼻子中，所以异短猫大多数有泪痕，不及时清理可能会引发眼部炎症和溃疡，这也是绝大部分异短猫最常见的显性病症。

● 不建议购买异短猫

3. 曼基康（矮脚猫）

曼基康也称小短腿，算比较新兴的品种。虽然在1940年时，各地都有曼基康的记录，但后来曼基康几乎完全消失，现有曼基康的血缘通常可追溯到1983年美国一只叫Blackberry的猫。这个品种争议非常大，直到现在

● 不建议购买曼基康

也无统一结论。

美国TICA协会认可曼基康这个品种，但也有因此退出该协会的成员，他们认为这个决定毫无道德。反对派担心曼基康无法进行正常猫该有的跳跃活动，以及可能存在骨骼发育不良或胸漏等疾病。也有曼基康饲养者表示该品种的猫可以正常跳跃活动，骨骼发育不良或胸漏的疾病也不只是曼基康特有的。

铲屎官
温馨提示

　　暂时没有研究结果可以直接表明曼基康一定会出现某种病症，但考虑到异短猫和折耳猫也经历了从大受追捧到确定病症的阶段，为铲屎官和猫着想，没有必要与未知进行这样的博弈，毕竟选择很多，楼下的小流浪猫也很可爱，是不是？

第 2 章

与猫同居
之 猫咪吃什么

　　养猫的头等大事绝对是"给猫吃什么",虽然除了吃,猫也需要喝玩乐住行,甚至任何一个环节出问题都可能是大问题。但铲屎官们第一时间关心的问题一定是吃,毕竟吃和猫的健康息息相关,所以咱们从吃开始学习。

幼 猫

猫的生长周期有几个关键阶段：幼年期、成年期、老年期。不同阶段的猫适合的主食类型和需要的营养情况都有细微差别，接下来按一只猫从出生到老年的时间周期逐一分析，本节介绍幼年期。

哺乳期

猫出生的第一年，都称为幼年期，其中出生后的前 4 周为哺乳期。一般正规猫舍不会售卖哺乳期的小猫，因为猫舍基本上都会抚养小猫到幼年期过半能绝育之后再将其送往铲屎官家中，所以在救助小流浪猫时，需要知道该如何去喂养哺乳期的猫。

1. 母乳

幼猫最初几周的存活特别依赖初乳，初乳是母猫产后头两天内乳腺产生的一种特殊分泌物。幼猫出生时，体内只携带非常少量的抗体，而大部分的抗体则依赖母猫产生的初乳，这种被动免疫可以帮助幼猫对抗日后可能面临的各种感染。除了能够提供增强免疫系统的抗体，初乳中含有的IgA、溶菌酶、乳铁蛋白、白细胞和各种细胞因子对幼猫的健康状况也起到重要的作用，因此对于哺乳期的幼猫而言，初乳非常重要，而母乳自然是最佳的食物。

我们非常不提倡家庭繁育，作为普通人，我们也极少有机会能够为哺乳期的幼猫提供充足的母乳。原因很简单，首先正规猫舍绝对不会出售哺乳期的幼猫，若是遇到出售未断乳幼猫的猫舍，毋庸置疑，你遇到"后院"猫舍了。而对于通过救助途径被领养的幼猫，只有极少数能够幸运地和猫妈妈一起被救助，从而获得母乳。

● 对于哺乳期的幼猫而言，母乳是最佳的食物

铲屎官
专家点拨

既然母乳如此重要，那么除了幼猫的亲生妈妈，其他猫妈妈则是次之的选择。如果身边朋友家或医院恰好有刚生产完不久的母猫，可以考虑将幼猫暂时寄养在"养母"身边直至离乳。

对于实在无法获得母乳的幼猫来说，如何选择相较于母乳略次之的食物，成了让很多新手主人头疼的问题。不过主人们也不是空焦虑，这个问题确实挺重要，幼猫和成猫不同，幼猫的免疫系统和消化功能都未发育完全，稍稍一个不注意，就有可能让事情变得麻烦起来。

在替代奶类的选择上，坊间的花样还蛮多，且都有各自的特点，宠物奶粉（牛奶）、宠物羊奶、鲜牛奶、鲜羊奶、舒化奶……我们偶尔还收到能否用人奶或者婴儿配方奶喂养的询问。

宠物奶粉（牛奶）　　宠物羊奶　　　鲜牛奶　　　　鲜羊奶　　　　舒化奶

● **替代奶类花样繁多**

（1）宠物奶粉（牛奶）

这应该是大家最熟悉的替代品，我们曾经将多款宠物奶粉送检，很可惜的是，当时的检测结果非常令人失望。这些标榜着"母乳替代品"的宠物奶粉，不单原料模糊，更存在营养元素缺失、掺淀粉等直接影响幼猫健康和存活的问题。

这样的问题也不局限于国内，有研究指明，丹麦幼犬的过度喂养和宠物奶粉有关。一些宠物奶粉的维生素 D 含量是建议值的 7 倍，从而导致幼犬骨骼的发育出现问题。而对比喂养母乳和喂养宠物奶粉的小猫，喂养宠物奶粉的小猫在实验期间大部分时间有腹泻情况，宠物奶粉甚至和白内障的发病有一定关系。

不过大家看到这里也不必太过悲观，这几年消费者在选择宠物食品时更加理智，不易被宣传洗脑。因此国内宠物市场已经渐渐地在"原料品质"上"卷"起来了，市面上还是有值得选择的宠物奶粉的。具体怎么选择，本节将会详细介绍。

（2）宠物羊奶

除了宠物奶粉，这几年市场上出现了更为便捷的宠物液体羊奶，包装类似于咱们喝的常温奶，宣传上清一色地主打"零乳糖"。我们也曾经对这类液体羊奶做过检测，但结果依然不理想，其存在着"高乳糖""含牛源性成分"等问题。当然，我们暂时能力有限，检测出的问题产品并不能完全代表所有产品，具体怎么选择，同样在本节后面部分进行介绍。

（3）鲜牛奶、鲜羊奶、舒化奶

这些则属于人类食品的范畴，若能根据下文将提及的幼猫营养需求搭配正确的营养补充剂，也是一种不错的选择。

不过也不是人类的所有奶制品都适合幼猫，婴儿配方奶粉就不适合。婴儿配方奶粉的配方依据是人类婴儿的营养需求，和幼猫的营养需求相差甚大，幼猫食用极易出现营养缺少或过剩等复杂问题。

至于人奶，和婴儿食品同理，而且涉及的内容更为复杂，虽然目前没有足够的证据支持或不支持这种做法，但考虑到安全性，建议还是选择其他更合适幼猫的产品。

3. 喂食量与喂食频率

对很多铲屎官来说，最常见的控制喂食量的方法是称量对比幼猫在喂奶前后的体重。但这种推断幼猫乳摄入量的方式很有可能与本身能量摄入存在误差。怎么比较准确地控制幼猫的能量摄入呢？

我们得先明确，对于哺乳期的幼猫，其能量需要是每100g体重20~30kcal。

而在哺乳期，猫奶中的能量会逐渐从1kcal/g升高到1.3kcal/g，简单换算一下即可得到幼猫的摄入量。

如果使用其他奶制品替代母乳，自然也是按照商品包装上标示的能量进行换算即可。当没有母猫喂养条件，需要人工喂养时，新生的幼猫建议控制在每2～3小时喂一次的频率，随着幼猫逐渐长大，可以逐步递减到每4～6小时喂一次。

4. 如何进行原料判断

这部分内容主要针对幼猫母乳的商业替代品，告诉大家如何在鱼龙混杂的产品中找到安全且合适的产品。

（1）宠物奶粉、宠物羊奶

✅ 原料清晰，避免多种蛋白

● 宠物奶粉

宠物食品的选择较为复杂，在主原料的选择上，往往以牛奶、羊奶为主，随着这几年羊奶低乳糖的噱头越来越大，大部分产品会选择以羊奶为主原料。其实牛奶和羊奶的乳糖差别并不大。

在选择时，首要的要求就是原料清晰，具体使用了什么就明明白白写清楚，类似"脱脂乳粉""维生素和矿物质"这类模糊的概括性用词可以直接作为淘汰依据。

✅ 能量值标示清晰

对于需要比较精准地控制喂食量的幼猫，能量值是一个极其关键的数据，没有标示能量值的产品可以直接淘汰。

✅ 按照幼猫的营养需求合理添加营养补充剂

作为母乳替代品，至少要能够满足新生幼猫的营养需求，至少含有一些足量的基础营养补充剂，如牛磺酸等。

（2）鲜牛奶、鲜羊奶、舒化奶

❌ 避免含乳饮品

这类饮品和人类奶制品的包装非常相似，我们团队经常会收到关于"××酸酸乳""×旺复原乳"之类的产品能否喂猫的询问。这类含乳饮料往往会添加一系列甜味剂、果味剂等，实际的奶含量有限，非常不适合喂给猫喝。

● 宠物奶制品

❌ 不选择未经杀菌处理的鲜奶

这种情况相对比较少见，毕竟现

在大部分主人接触不到刚挤出来未灭菌的奶。但我们还是收到过类似的询问，这类奶没有经过灭菌处理，可能含有病菌，对于抵抗力弱的幼猫较为危险。

✅ 选择正规的巴氏杀菌奶、舒化奶

有没有必要选择零乳糖的舒化奶呢？答案是可选可不选，没必要强求。要知道，母猫的猫奶也并不是无乳糖的，有实验证明，母猫哺乳期的前几周，乳糖浓度几乎都恒定在 4% 左右，普通的未经脱乳糖处理的牛羊奶乳糖含量也不过 5% 左右。因此断乳期前的幼猫对这点乳糖还是有处理能力的。但在断奶以后，部分猫的乳糖酶就会开始退化，这些猫就会出现喝牛奶拉肚子的现象。

🐾 离乳期

在幼猫满月以后，单纯的奶已经无法满足它们的成长需求了，需要我们逐渐引入新的主食。作为哺乳和断乳期的过渡，离乳期的饮食需要兼顾幼猫的口感和营养需求，逐渐向固体食物进行过渡。

● 幼猫满月后进入离乳期

● 主食罐头

1. 罐头

罐头无疑是一个不错的选择，其营养和适口性都优于干粮，质地也非常适合用于流食过渡。

值得留意的是，市场上销售的罐头花样越来越多，对于新手来说非常容易掉坑。所以，在罐头的选择上，大家可以直接略过各种噱头，选择靠谱的"主食罐"即可。安全可靠的"全期主食罐"和"幼猫主食罐"都可以作为离乳期的过渡主食。

因为不同罐头的质地不同，有的压得比较实，有的则比较松散，有的含水量高，有的含水量低。主人如果选择主食罐作为过渡的话，可以通过加水或奶来人工干预一下罐的稠度。一开始加水比例可以高一些，3：1或者更高，让幼猫有一个适应的时间。到5周以后，就可以慢慢控制到2：1，增加半固体的比例。

铲屎官
温馨提示

拿奶糕罐来说，这个名字一听就够"奶"，但从之前的测评来看，大部分奶糕罐不过是徒有噱头罢了，甚至很多根本无法满足幼猫的营养需求。幼猫相对成猫需要更多营养，在未完成免疫前，肠胃也相对脆弱，因为食物问题出现腹泻最后危及生命的病例并不少见。

2. 猫粮、冻干、风干

相比罐头，猫粮是更普遍的一种主食形式，在开销上会比罐头更低。但猫粮颗粒硬，如果直接放在刚满月的幼猫面前的话，那大概率是"无猫问津"的。

所以我们得让其变软。怎么变软？加水、加奶泡，用差不多3倍以上的水将猫粮彻底泡软以后喂食。如果小猫还是无法适应，甚至可以考虑用勺子或搅拌机将其捣碎成流食进行过渡。

● 用3倍以上的水将猫粮彻底泡软以后喂食

而风干和冻干粮的开销可能更甚于罐头，是一个更高阶的选择。这两种形式的食物，可以按包装标示的水量翻倍加入，加完水以后用勺子将其碾碎即可喂食。

3. 自制食物

自制食物是很多经验丰富的铲屎官的选择，科学营养的自制食物比商业食品更健康、更可控。除了营养搭配可控，自制食物也方便控制食物的形态。一开始过渡时可以用绞肉机将

● 自制食物需做好充足功课

食物加水打碎至半液态再喂食，少食多餐。如果出现软便、呕吐、腹泻等情况，则根据实际情况，及时调整食物种类、喂养量及频率。

铲屎官
专家点拨

如果你是暂时不太了解幼猫需求的新手，我们建议不要尝试直接给幼猫自制食物。待你多做相关的功课，并且小猫免疫完成后，再逐渐更换，否则可能会因为你的经验不足而在营养搭配上出现问题，最后得不偿失。

如果你的功课做得非常足，你比较有信心，那就大胆地尝试吧。幼猫可塑性很强，在条件允许的情况下早点接触自制食物，也可以避免日后换粮的窘境。

断乳期

猫咪从第 6 ～ 8 周开始就可以大幅度地减少奶类摄入进入断乳期了，这个时候无论是母乳还是代替品都无法满足幼猫的营养需求，更换新的主食迫在眉睫。同时，幼猫的乳牙也会在这个时期萌出，它们可以逐渐适应固体的食物。

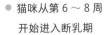
● 猫咪从第 6 ～ 8 周
开始进入断乳期

1. 建议的喂食种类

断乳期是幼猫消化系统的快速发育期。在发育完全之前，消化器官仍然处于比较敏感的状态，幼猫很容易因为饮食不当发生呕吐、软便、腹泻、胀气等问题。因此在喂食方式上，我们同样不能觉得断乳后就万事大吉，从此开始松懈。

首先，在主食种类上，主食罐头、猫粮、冻干、自制食物都是不错的选择。和离乳期一样，可以根据小猫的喜好以及自身预算，选择安全靠谱的产品。

具体的择优方式和成猫猫粮择优方式一致，在后面的成猫部分将从原料、营养、各国标准等多方面详细讲述商业食品的择优方法，因此这里就不占篇幅了。

● 断乳期建议的喂食种类

2. 喂食注意事项

出生后的 24 小时内是幼猫消化系统的第一次快速发育，第二次发育是在断乳期。幼猫的消化能力受肠道生理发育的影响非常大，因此断乳期幼猫的消化系统需要细心呵护。

（1）不要频繁更换主食

很多幼猫因为食物形式的改变，会出现拒食或厌食的表现，有的主人一心急就会选择更换猫粮和罐头，试图通过这种方式找到小猫喜欢的食物。这种方式对成猫可能有一定的可行性，

● 频繁更换主食容易导致厌食

但是对于肠胃脆弱的幼猫并不合适。

在主食更换初期出现的厌食，一般不是口味上的喜好变化，更多的是对食物形态的不适应，我们应该从食物的形态下手，而不是更换口味。猫粮泡发时间是否不够？罐头里的水是否加少了？可以用注射器抽取少量食物，挤在猫嘴巴或鼻子周围，帮助它们适应。

（2）不要毫无头绪地瞎补营养

要问利润最高的宠物食品是什么，那无疑是宠物保健品。价格平庸的普通原料，只要在宣传上抓住大家的焦虑点，摇身一变就能卖出高价。

你可能会想，反正预算够，猫爱吃，就算没用，补补当个心理安慰也好。其实不然，我们就拿钙片来举个例子，幼猫处于骨骼和牙齿的成长活跃期，对钙的需求确实大，但是幼猫全期的猫粮、罐头就是在幼猫的需求基础上制订的配方。如果我们再额外给幼猫吃钙片，那钙的摄入量肯定会超出需求量。

NRC（美国国家研究委员会）明确指出，提高幼猫饮食中的钙浓度是有害的。知道了这些，我们还敢抱着"补补无所谓"的心态给小猫喂食本就不需要的保健品吗？

● 优秀的主食完全能够满足幼猫的生长需要

第2节

成　猫

健康成长到 1 岁后，猫就顺利进入成年期啦。成年期的猫在饮食上有更多选择，当然，选择多坑点也多，铲屎官首先要决定是给予猫粮、冻干、罐头还是自制食物，然后还要在选定的类别里去选择品牌、配方，确实很难。因为大部分猫在吃猫粮，我们就先从猫粮开始讲起。

我们常有误区，觉得买最好的最贵的一定没错，在猫粮这种消费品上，老实讲并不见得如此。大有高价低质的产品靠天花乱坠的营销骗钱，而且最贵最好的也不见得适合你家猫的肠胃，别被营销信息整得激情下单，下面这些信息请在"剁手"之前了解到位。

 原料判断——原料透明度

拿到一款商品主食，首先要看的是原料透明度。所谓原料透明度，其实就是看品牌方能否把猫粮原料的产地及供应商交代清楚。

有些品牌能给出主原料的产地，主原料简单来说就是用量多的原料。举个例子，我们希望猫粮主原料可以公布出品牌所选用的具体供应商，如下表所示。

公布具体供应商的原料表

产品名称	供应商
鲜鸡胸肉	XX食品有限公司
鸡油	XXX农产品有限公司
木薯粉	XXX淀粉有限公司

原料判断——原料占比清晰

确认透明度之后就到了看原料表的环节，下图所显示的这种朴素的原料表应该是铲屎官们经常看到的：

原料组成：
三文鱼粉、鸡肉粉、金枪鱼、沙丁鱼、鸡肉、鸭肉、牛肉骨粉、豌豆、红薯干、鸡油、马铃薯粉、鱼油、啤酒酵母粉、亚麻籽油、奶酪粉、蛋黄粉、红藻粉、纤维素、蔓越莓粉、丝兰粉、胡萝卜粉、高丽菜粉、番茄粉、南瓜粉、苹果

添加剂组成：
DL-蛋氨酸、果寡糖、氯化胆碱、牛磺酸、维生素 A、维生素 C、维生素 D_3、维生素 E、维生素 B_1、维生素 B_2、维生素 B_6、维生素 B_{12}、D-生物素、烟酸、D-泛酸钙、叶酸、氨基酸铜络合物、氨基酸铁络合物、氨基酸锰络合物、氨基酸锌络合物

产品成分分析保证值（以干物质计）：
粗蛋白质 ≥ 34%；粗脂肪 ≥ 16%；粗纤维 ≤ 5%；水分 ≤ 10%；钙 ≥ 1.2%；总磷 ≥ 1.0%；牛磺酸 ≥ 0.2%；粗灰分 ≤ 10%；水溶性氯化物（以 Cl^- 计）≥ 0.3%

● 常见原料表示意图

但我们更建议大家选择能标明原料占比的猫粮，就算没有将全部原料占比都标出来，至少主原料有明确占比。

配料

原料组成： 脱水鸡肉 (21%)、脱水鸭肉 (14%)、脱水鱼肉 (12%)、脱水三文鱼肉 (6%)、马铃薯粉 (6%)、鸡油、甘薯粉 (6%)、木薯粉 (6%)、鸡水解膏 (5%)、冻干鸡肉 (3%)、冻干蛋黄 (3%)、鱼油 (3%)、酵母水解物 (3%)、冻干鳕鱼 (1%)、纤维素粉 (1%)、海苔片、胡萝卜粉、南瓜粉

添加剂组成： 果寡糖 (0.3%)、低聚半乳糖 (0.3%)、卵磷脂 (0.2%)、牛磺酸、DL- 蛋氨酸、L- 赖氨酸、植物乳杆菌 (5×10^9 CFU/kg)、天然类固醇萨洒皂角苷 (源自丝兰, 0.05%)、氯化胆碱、氯化钾、磷酸二氢钙、维生素 A、维生素 D_3、dl-α- 生育酚乙酸酯、维生素 B_1、维生素 B_2、维生素 B_6、维生素 B_{12}、烟酸、D- 泛酸钙、叶酸、蛋白铜、蛋白铁、蛋白锰、蛋白锌、碘酸钙、酵母硒

● 标明主原料占比的原料表

铲屎官
专家点拨

原料表排序小知识点：根据农业农村部 2018 年 5 月第 20 号公告规定，猫粮原料需按照实际含量从多到少排序（美国饲料监管协会 AAFCO 也有类似要求，标明符合 AAFCO 的猫粮也可以参考判断）。所以如果你手上的猫粮原料表无占比，可以根据排序来大概了解原料含量情况。

> 第六条　宠物饲料产品标签上应当标示原料组成。原料组成包括饲料原料和饲料添加剂两部分，分别以"原料组成"和"添加剂组成"为引导词。其中，"原料组成"应当标示生产该产品所用的饲料原料品种名称或者类别名称，并按照各类或者各种饲料原料成分加入重量降序排列；"添加剂组成"应当标示生产该产品所用的饲料添加剂名称，抗氧化剂、着色剂、调味和诱食物质类饲料添加剂可以标示类别名称。

注：引自《宠物饲料标签规定》。

● 宠物饲料标示原料规定

当然，不排除有些品牌存在欺骗的情况，这就要求铲屎官在选择的时候尽量找有口碑积累，或者信息足够公开透明、值得相信的产品。

原料判断——原料表简易判断规则

猫粮配方的良莠可以结合所用原料的多个方面判断，其中根据淀粉是否为必需原料，猫粮可分为膨化粮 / 低温烘焙粮、主食冻干 / 主食风干 / 主食湿粮两大类。

1. 膨化粮 / 低温烘焙粮

（1）无谷，淀粉来源合理

膨化粮 / 低温烘焙粮要生产成型，填充淀粉是必不可少的，所以我们倾向于选择更低敏、更安全的淀粉来源。常见淀粉来源如下表所示。

常见淀粉来源一刀切判断表

优	良	劣
红薯	燕麦	玉米
紫薯	糙米	小麦
豌豆	大米	米糠
鹰嘴豆	大麦	豆粕、膨化大豆、豆渣

除了表中这些，其实土豆也算不错的淀粉来源。但土豆如果不够新鲜可能存在卡茄碱，而卡茄碱有危害猫狗生命安全的风险。由于目前关于卡茄碱对猫狗安全限量的研究不足，保守起见就没有把土豆列入。

（2）肉类原料含量尽可能多

众所周知，猫是纯肉食动物，需要摄入大量动物蛋白。粗暴点说，植物蛋白对猫基本没用，吸收率低。所以如果一款猫粮原料表里写了大豆蛋白粉、玉米蛋白粉，大概率是为了提高自己的粗蛋白含量，混淆视听，骗咱们掏钱，常见蛋白来源如下表所示。

常见蛋白来源一刀切判断表

优	良	劣
禽肉类 （鸡、鹌鹑、鸭等）	血浆蛋白粉 （可溯源的）	玉米蛋白粉
鱼类 （三文鱼、鲭鱼、鲟鱼等）		大豆蛋白粉
红肉类 （牛肉、羊肉、兔肉等）		豌豆蛋白粉

说到动物蛋白来源，真不一定是越丰富越好。一款猫粮，假如同时有禽肉、鱼肉、红肉，虽营养丰富，但也在一定程度上提高了猫咪食物过敏的可能性。建议新手从单一蛋白来源的猫粮开始尝试（比如单一的禽肉、红肉、鱼肉），每次换粮就换一次口味，测试出不过敏的肉类并记录下来，以后有合适的多肉类猫粮就可以按照记录对应选择。

（3）优质的粗纤维来源

粗纤维也称膳食纤维，它在帮助消化、加强胃肠道功能方面有积极的作用。优质的粗纤维来源及合理的粗纤维含量对猫咪来说也是值得重视的。

我们认为猫粮中优质的粗纤维来源主要是各种水果、蔬菜，如果是新鲜果蔬就更好了。反之，纤维粉、纤维素、甜菜粕、大豆粕、番茄渣等作为猫粮中的粗纤维来源就相对减分了。

● 猫粮中优质的粗纤维来源主要是新鲜果蔬

（4）理想的油脂来源

和植物蛋白差不多，植物油对猫来说吸收率也极低，粗暴理解为植物油对猫没用也问题不大。所以最好选由动物脂肪提供油脂的猫粮，比如鸡油、牛油、三文鱼油都是常见的不错的油脂原料。

● 猫粮的理想油脂来源于动物脂肪

另外考虑到 Omega-3 对猫的重要性，如果猫粮肉类原料中没有深海鱼，其他原料中没有藻类，则选择含鱼油配方的猫粮更佳。

（5）有益的小原料概览

猫粮中还有些小原料，它们也有存在的理由。若你所考虑的猫粮已经完全达到上面说的判断标准，那么这些小细节可能会帮你进一步考察猫粮并做出最后决定，常见有益小原料如下表所示。

常见有益小原料概览表

原料名称	益处
丝兰	减少粪臭
菊苣、低聚果糖（FOS）	调节肠胃功能
蔓越莓	对预防泌尿疾病有积极意义
络（螯）合矿物质	更易吸收
葡萄糖胺	关节保护
软骨素	关节保护
益生菌发酵产物	调节肠胃
明确种类的动物内脏	提供微量元素、提升适口性

2. 主食冻干 / 主食风干 / 主食湿粮

这三类猫主食的一大特点就是肉含量高，在技术成熟的情况下不需要加淀粉让产品成型。它们的另一大特点就是考验配方，配方和肉类的选择越优秀，需要加的人工营养补充剂就越少，对猫的肠胃消化也就越友好。

这三类主食的原料表判断标准和前面所讲的膨化粮 / 低温烘焙粮类似，但对淀粉填充、营养添加剂、肉类含量的要求更严格。

吃主食冻干或主食风干后要注意给猫咪补水，主食冻干可以泡水后喂食，以增加猫咪饮水量。至于主食湿粮，它最大的优势就是含水量高，可以轻松帮猫咪补水。

（1）无谷，无淀粉填充

严格来说，冻干、风干、湿粮的工艺都不一定需要淀粉，所以我们认为这三类主食最好可以无谷、无淀粉填充。某些产品会直接加淀粉或将红薯、紫薯等作为淀粉来源，这样无形中降低了产品性价比。

常见冻干/风干/湿粮淀粉来源一刀切判断表

优	劣
红薯	红薯淀粉
紫薯	紫薯淀粉
豌豆	玉米淀粉
鹰嘴豆	大麦淀粉

（2）肉类原料含量尽可能多

猫需要摄入大量动物蛋白，这三类主食本身就是为了提高肉含量而开发的，所以加植物蛋白没必要且影响性价比。通常这三类主食的肉含量应高于 80% 才算比较合理。

主食冻干／主食风干／主食湿粮中的常见蛋白来源与膨化粮／低湿烘焙粮一致。

因为国内大部分猫咪接触干粮较多，不是所有猫都会一次性接受吃主食罐头（意味着大概率没额外添加诱食剂），所以对铲屎官们来说，买罐头也像在买彩票，有的口味猫吃，有的口味猫不吃，有的品牌可能全系列产品都被猫嫌弃。这是常态，擦干眼泪继续尝试即可。

营养值判断——了解三大常见标准

1. 国家标准

国产的一切主食商品，都应该至少符合国标规定的营养值标准。国标的营养值是以干物质为基准（饲料除去水分后所剩物质的含量）规定的，大部分国产产品也是以干物质标注产品成分承诺值的，确认都是干物质基准后就能和国标进行直接对比。

产品成分承诺值
（以干物质计）

粗蛋白质	≥ 44.0%	钙	≥ 1.2%	水分	≤ 10.0%
粗脂肪	≥ 19.0%	磷	≥ 1.0%	牛磺酸	≥ 0.3%
粗纤维	≤ 8.0%	粗灰分	≤ 10.0%	水溶性氯化物 ≥ 0.45%（以 Cl 计）	

● 以干物质计算的产品成分承诺值

发现承诺值小于国标怎么办？快速放弃，选别的。发现承诺值与国标数值相同或高于国标，不一定代表产品有多好，但至少过了考察的第二关。

2.AAFCO

美国、澳大利亚、新西兰的产品大多数会在自身包装上标示自己符合 AAFCO 标准。常买进口产品的人对这几个英文字母应该不陌生。

● 标示符合 AAFCO 标准

AAFCO 的标准有以干物质为标准的，也有以代谢能 1000kcal 为标准的。一般干粮的基本营养项目对比干物质版本即可，而湿粮和微量元素、维生素因含量较少，受水分影响大，换算干物质误差较大，所以考虑对比代谢能版本标准更稳妥。这里又涉及能量调整计算，还需搭配实际检测数值，因此就不赘述了。

3. 欧盟标准

欧洲国家的产品，一般咱们接触较多的是罐头类产品。这两年也有些欧洲猫粮逐渐出现在大众视线中，这类产品通常也会标符合 AAFCO 标准，如果没标示，就默认按欧盟标准去考察。

欧盟标准和国标、AAFCO 最大的差别是对产品承诺值规定了浮动区间，所以在比对承诺值的时候需要特别注意计算区间。

🐾 营养值判断——简单直接版

对于营养值，我们建议大家选择适度的就好，因为营养值是没有最高只有更高的存在。一味地追求好看的营养值，只会让某些品牌为了满足这个数值去做"刷数据"的事。虽然这样错不在我们，但过高的营养值也不一定适合每只猫咪，建议还是循序渐进，有优秀且透明的动物原料配方的猫粮永远比没有溯源只有数值的猫粮要好。

这里分享一下我们认为中等及以上的猫粮营养值参考表，它需要结合产品的实测值来判断，如果只有包装承诺值则信息可能不足。

中等及以上猫粮建议营养值参考表

项目	数值
粗蛋白	> 36%
粗脂肪	根据是否有低脂需求判断
粗纤维	涉及肠胃功能均衡情况，非必须单一指标
粗灰分	无硬性要求，但越多侧面反映骨头类原料较多
钙	不超标
磷	不超标
钙磷比	1：1~2：1
镁	< 0.2%
淀粉	< 25%

中等及以上主食冻干/主食风干粮建议营养值参考表

项目	数值
粗蛋白	> 50%
粗脂肪	根据是否有低脂需求判断
粗纤维	涉及肠胃功能均衡情况，非必须单一指标
粗灰分	无硬性要求，但越多侧面反映骨头类原料较多
钙	不超标
磷	不超标
钙磷比	1∶1~2∶1
镁	< 0.2%
淀粉	< 5%

中等及以上主食湿粮建议营养值参考表（能量调整值为4000kcal时）

项目	数值
粗蛋白	> 39%
粗脂肪	根据是否有低脂需求判断
粗纤维	涉及肠胃功能均衡情况，非必须单一指标
粗灰分	无硬性要求，但越多侧面反映骨头类原料较多
钙	不超标
磷	不超标
钙磷比	1∶1~2∶1
镁	< 0.2%
淀粉	< 5%

　　就像上面提到的，很多铲屎官在略懂一些之后很可能会进入粗蛋白狂热追求阶段，认为粗蛋白值越高就越好。但是，评价猫粮的好坏，除了营养值，还要综合考虑原料透明度、工厂、配方等多个维度。所以我们认为不必追求单一的营养值，而应该在满足中等值的基础上，进行多角度的判断，还要看自家猫的肠胃接受程度。在这种情况下，选择适合的，可能就是对你和猫来说是最好的。

对猫主食产品品牌的口碑、可信赖度的看法

　　一款产品如果从来没出过问题，一半原因是真的在认真做品控，一半原因是真的运气好。测评多年，我们发现，不管多好的口碑，就算过去几十年都没出过问题，但也很可能在今时今日爆出意想不到的问题。但不幸中的万幸是——危机见真心，一个品牌可不可信，从它面对问题的态度就可以瞥见一二。

1. 打死不承认型，建议放弃

　　出现非"实锤"问题打死不承认，对品牌方来说看似最简单，但也是最不负责任的做法。如果你想选择的品牌曾经有过这样的情况，我们真心建议你冷静冷静。

2. 避不回应或者绕开问题型，建议放弃

这种比较巧妙，你认为有问题，但品牌方的回复总是牛头不对马嘴。你说 A 它回 B，那怎么解决问题？怎么保证铲屎官得到应有的答案？

3. 面对问题，有则改之无则加勉型，可以给个机会

有问题，大家抱着解决问题的心态去正视。铲屎官说铲屎官的理解，品牌方提供品牌方的看法，有问题进行问题产品召回、赔偿、道歉，给出相应改正措施，这是各大品牌都应该做到的。但很可惜，能做到这些的品牌方实际上少之又少，如果你正好在考虑这样的品牌，建议保持观望，给个机会。

说到最后，还是那句老生常谈的话：人无完人，粮无完粮，永远不要在一款粮上吊死。一般建议 3～6 个月换次粮，在避免猫咪吃腻的同时还能减小刚好遇到某一品牌产品出问题的概率。

\ 第 3 节 /

老 年 猫

国内现在对老年猫群体的关注比较少，但猫咪都会进入老年期，为了有备无患，先得了解相关知识，让你的猫更健康地步入老年。

"老" 的标准是什么

衰老是机体代谢过程中一个进行性的必然阶段，是机体健康水平和维持自身内稳态能力的退行性改变，其机制复杂，涉及多种环境因素与遗传因素。目前有许多理论解释衰老的现象，如体细胞突变理论、基因控制理论、自由基理论等，不过，暂时还没有一种理论能够解释所有的衰老现象。

得益于动物医学、营养学的发展以及铲屎官的悉心照顾，家猫的寿命在不断延长，它们能够陪伴我们的时间更长了。在过去的几十年里，猫的平均寿命增加了约15%，平均寿命为12～14岁，世界上最长寿的猫活到了38岁。

一般认为，7岁以上的猫属于老年猫，不过美国猫科医生协会（American Association of Feline Practitioners）在2021版的《猫生命阶段指南》（*Feline Life Stage Guidelines*）中提出，10岁以上的猫才属于老年猫。

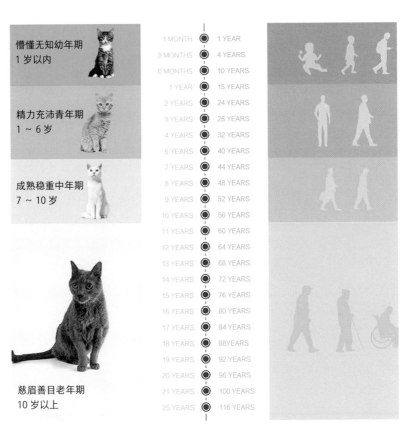

懵懂无知幼年期 1岁以内	
精力充沛青年期 1～6岁	
成熟稳重中年期 7～10岁	
慈眉善目老年期 10岁以上	

1 MONTH	1 YEAR
3 MONTHS	4 YEARS
6 MONTHS	10 YEARS
1 YEAR	15 YEARS
2 YEARS	24 YEARS
3 YEARS	28 YEARS
4 YEARS	32 YEARS
6 YEARS	40 YEARS
7 YEARS	44 YEARS
8 YEARS	48 YEARS
9 YEARS	52 YEARS
10 YEARS	56 YEARS
11 YEARS	60 YEARS
12 YEARS	64 YEARS
13 YEARS	68 YEARS
14 YEARS	72 YEARS
15 YEARS	76 YEARS
16 YEARS	80 YEARS
17 YEARS	84 YEARS
18 YEARS	88YEARS
19 YEARS	92 YEARS
20 YEARS	96 YEARS
21 YEARS	100 YEARS
25 YEARS	116 YEARS

● 猫咪年龄阶段对照表

懵懂无知幼年期：1岁以内。

精力充沛青年期：1～6岁。

成熟稳重中年期：7～10岁。

慈眉善目老年期：10岁以上。

🐱 与年龄相关的一些变化

由于品种或其他个体差异，猫生命阶段的划分只是一个大致的范围，而非绝对的定义，铲屎官们不用太纠结年龄这个数字，更重要的还是观察猫的日常情况，可以留心一下与年龄相关的变化，具体如下：

▶ 老年猫对家庭或环境变化（比如搬家、出现新的家庭成员、铲屎官工作日程改变）的处理能力下降，抗压能力下降，更容易出现应激或心理/行为问题（抑郁、乱排泄、进食习惯改变），当老年猫的生活环境发生变化时，应给它足够的时间慢慢适应，减轻压力，以便它们更好地适应，以预防由压力导致的行为问题；

▶ 多猫家庭中，老年猫的地位可能发生改变；

▶ 耳蜗退化导致听力下降；

▶ 嗅觉减退，味觉敏锐度降低；

▶ 皮肤弹性降低，同时伴有皮肤和毛囊的过度角化；

▶ 伤口愈合变慢；

▶ 肌肉流失；

▶ 晶状体核硬化（一种随着年龄增长而发生的正常变化，晶状体中央呈淡蓝色的不透明状，在非特别严重的情况下，一般不影响视力）；

▶ 虹膜萎缩（老年性虹膜萎缩表现为瞳孔边缘不规则，虹膜出现间隙，瞳孔对光反应迟钝）；

▶ 睡眠、清醒周期改变；

● 老年猫睡眠、清醒周期改变

▶ 虽然猫热爱半夜"跑酷"，但可别误会，它们不是夜行动物，而是晨昏性动物（在清晨和黄昏时活动），这与很久很久以前，猫的祖先一般在清晨或黄昏进行捕猎有关。随着与人类朝夕相处，大多数家猫会根据铲屎官的活动时间调整自己的生活节奏，但老年猫可能因为认知功能障碍或其他疾病（更易饥饿、口渴或排尿排便频率变高）更容易在夜间醒来。另外，听力和视力下降也会改变猫的生活节奏，包括入睡和起床的时间；

▶ 脱水风险增加，水是猫必需的营养物质，能发挥多种生理功能，虽然猫具有强大的适应无水期与浓缩尿液的能力，但随着年龄的增长，生理的变化及部分疾病可能增加老年猫发生脱水的风险，脱水的表现包括：皮肤的弹性降低、嗜睡、食欲不振、眼窝凹陷；

▶ 减少或过度舔舐毛发；

- ▶ 活动量降低，对攀爬的需求减少，不再跳高玩耍，这些在患退行性关节疾病或关节炎的老年猫中非常常见；
- ▶ 磨爪的频率降低；
- ▶ 免疫能力降低；
- ▶ 认知功能发生变化（认知功能障碍综合征），常见的表现包括减少与其他宠物的互动、易怒、攻击性增加、在猫砂盆之外排泄以及前面提到过的睡眠、清醒周期的改变。

🐱 老年猫的饮食

前面的章节详细地介绍了如何通过原料、营养值、产品口碑、可信赖度、透明度等维度的综合考量，去选择一款优秀的主食。然而优秀并不代表适合，我们常常强调，没有一款主食能够100%适合世界上所有的猫。因此，在挑选主食时，还要结合猫的自身情况、口味偏好以及铲屎官的经济条件，从优秀的主食中进行二次筛选，从而选择适合自家猫的主食。

为老年猫挑选主食亦如此。随着年龄的增长，猫的身体状况、能量需求、器官功能、免疫功能、代谢功能等都产生了一系列变化，而合理的营养在延缓与年龄相关的生理变化时或许能够发挥重要的作用。

1. 值得关注的营养素

为老年猫挑选主食时，我们的营养目标很明确：支持健康状况和活力状态、预防或减缓与年龄相关的健康紊乱、提高生活质量、尽可能延长猫咪的寿命。

（1）能量

对人类而言，与年轻人相比，老年人的能量需求通常减少了 20%；在狗身上，老年犬的能量需求比年轻犬同样降低了 18%~25%，这是随着年龄的增长，代谢能力的降低与肌肉的流失所导致的，因此，随着能量需求的降低，食物的摄入量会随之减少。

虽然同为哺乳动物，但猫比较特别，老年猫的能量需求并不像人或狗一样呈断崖式下降，它们的能量需求在 10~12 岁短暂下降后，在 12~15 岁又会出现上升的趋势，这似乎与营养物质的消化率有关。这似乎与营养物质的消化率有关，随着年龄的增长，猫的消化能力有所下降，其中脂肪消化率显著下降，蛋白质消化率略微下降，这与胰脏疾病、肝脏疾病、肠道疾病或肠道老化导致的吸收能力下降有关。

由于老年猫的能量需求是变化的，所以在其 7~11 岁时可根据情况适当地减少能量摄入，12 岁及以上的老年猫则需要增加能量的摄入。除此之外，老年猫的能量需求受个体差异、疾病、消化能力、运动量等的影响不尽相同，铲屎官应密切关注老年猫的身体状况，在确保摄入充足的营养与能量的同时预防肥胖问题的发生。

（2）氨基酸、蛋白质

在猫的饮食中，蛋白质能够为猫提供必需的氨基酸，用于合成机体的多种蛋白质（毛发、皮肤、指甲、肌腱、韧带、软骨的主要结构组成成分是蛋白质），同时蛋白质也提供非必需氨基酸，用于维持生长发育、妊娠和泌乳。总而言之，蛋白质在维持猫的身体健康及免疫系统平衡中发挥着重要的作用。

猫的必需氨基酸与非必需氨基酸表

必需氨基酸	非必需氨基酸
精氨酸	丙氨酸
组氨酸	天冬氨酸
异亮氨酸	半胱氨酸
赖氨酸	天冬氨酸盐
蛋氨酸	谷氨酸盐
苯丙氨酸	甘氨酸
牛磺酸	羟赖氨酸
苏氨酸	羟脯氨酸
色氨酸	脯氨酸
缬氨酸	丝氨酸
	酪氨酸

铲屎官
专家点拨

猫的能量需求计算方法如下。其中，ME 为代谢能（单位是 kcal），BW 为体重（单位是 kg）。

①瘦体况的成猫

$ME=60 \times BW$

举例：一只 3kg 体况较瘦的成猫每日所需能量为 $60 \times 3=180kcal$

②胖体况的成猫

$ME=130 \times BW^{0.4}$

举例：一只 8kg 的肥胖成猫每日所需能量为 $130 \times 8^{0.4}=299kcal$

③年龄较大的成猫

$ME=45 \times BW$

举例：一只 6kg 的老年猫每日所需能量为 $45 \times 6=270kcal$

以往的一些观念认为，老年猫的饮食应适当减少蛋白质摄入，目的是预防肾病。其实不然，虽然猫慢性肾病发展到第三期和第四期时，减少蛋白质的摄入能够改善尿毒症的相关症状，但低蛋白饮食本身并无强化肾脏功能或延缓慢性肾病进程的作用，健康的老年猫并不需要减少蛋白质的摄入。

对于老年猫而言，蛋白质非常重要。随着年龄的增加，肌肉的流失导致蛋白质储备降低，而蛋白质储备可以在应激和疾病反应期间被机体使用，考虑到老年猫可能出现抗压能力下降，更容易出现应激，同时蛋白质消化率略微下降，故应为健康的老年猫提供充足的中等水平至高水平的高质量蛋白。

（3）脂肪

脂肪是猫饮食中重要的组成部分，具有储存能量、提供能量、提供必需脂肪酸（EFAs）的作用。研究认为，猫对脂肪的需求并不会随着年龄的增长而改变，但由于大多数食品的脂肪含量远远超过猫的需求、部分老年猫的脂肪消化率下降显著，所以稍微降低饮食中的脂肪含量可能对老年猫有益，大幅度降低则可能导致它们缺乏必需脂肪酸。另外，脂肪含量也会影响食物的适口性，考虑到这些因素，铲屎官应为老年猫提供中等水平脂肪的饮食。

（4）钙和磷

矿物质是机体代谢过程中必不可少的无机元素，在机体内发挥多种功能，包括激活催化酶反应、支持骨骼、帮助神经传递和肌肉收缩、维持水平衡和电解质平衡等。部分矿物质之间具有紧密的关系，互相影响，比如某一种矿物质过多或缺乏可能影响另一种矿物质的吸收与代谢。钙和磷即是如此，过量的钙会导致磷吸收率下降，而过量的磷会抑制钙的吸收。因此在保证钙磷含量充足的情况下，钙磷比也非常重要，AAFCO及其他宠物食品营养标准推荐的钙磷比例为 $1:1 \sim 2:1$。

除此之外，研究证实，摄入过量的磷可能导致健康猫肾脏损伤或功能障碍，考虑到老年猫为慢性肾病高发群体，限制磷的摄入一定程度上有助于延缓病情的发展，故建议老年猫避免高磷饮食，尽可能选择低磷主食。

（5）其他

Omega-3（DHA 与 EPA）：炎症是许多慢性疾病的触发器，而许多文献证实 Omega-3 有减少炎症的作用。饮食中适量的 Omega-3 是维护部分器官和组织功能必不可少的营养元素，这些功能包括：健康的皮肤、肾脏、消化道、神经组织、心血管系统功能，免疫功能，炎症反应等。

Omega-3 也被用于伴侣动物部分疾病的治疗当中。骨关节炎是老年猫狗中常见的关节炎类型，Omega-3 被证实能够减少炎症标志物，减轻软骨退化，饮食中的高 Omega-3 含量或低 Omega-6 与 Omega-3 比例对减轻软骨退化与骨赘形成有积极的影响；在慢性肾病的饮食建议中，Omega-3 被认为能够通过竞争性抑制炎症介质前列腺素和血栓素产生，减轻肾小球的损伤从而达到减轻蛋白尿的目的，减少活性氧簇，延缓肾病进展的速度；另外，Omega-3 可降低血液黏稠度及抗炎，保护血管内壁细胞，恢复血管弹性，常常被建议添加在确诊 HCM（肥原性心肌病）的猫咪饮食中。

因此，适当地补充 Omega-3 对于老年猫的健康有积极的影响，可以选择秋刀鱼、三文鱼、马鲛鱼等 Omega-3 含量高、污染程度低的鱼类，也可以选择安全性高、污染程度低、不额外添加维生素 D_3

的优质鱼油。

抗氧化营养素：自由基理论是目前普遍认可的衰老机制之一。正常情况下，机体中的自由基处于不断产生与消除的动态平衡中。然而随着年龄的增长，机体中抗氧化成分减少，导致清除自由基的能力减弱，自由基数量增多，机体平衡遭到破坏，发生氧化应激，进而导致疾病与衰老。

抗氧化营养素的介入对于减缓老化的一系列生理症状或许有一定的帮助。在肾功能不全的猫身上观察到，联合补充维生素 E、维生素 C 与 β - 胡萝卜素能够减轻氧化应激与淋巴细胞 DNA 损伤，给老年猫补充中等量的维生素能够改善 T 细胞和 B 细胞的增殖反应，因此，提高老年猫饮食中的抗氧化营养素水平有一定的必要性。

2. 是否必须选择老年猫粮

老年猫是否必须选择带有"老年"标签的商业食品，这是许多家有老年猫的铲屎官都非常关心的一个问题。比较遗憾的是，我们虽然测评过几百款猫粮，但其中老年猫粮却寥寥无几，无法拿检测报告窥探目前市场中在售老年猫粮的质量。

不过，全期主食（干粮、主食罐、冻干等）适合所有生命阶段的猫，当然也包括老年猫，铲屎官不需要将目光局限于带有"老年"二字的商品主食，在优秀的全期主食中，结合上述老年猫需要特别关注的营养素挑选就没问题啦。

还是有点担心？在一项描述性研究中，研究人员通过检测热量密度、粗蛋白、粗脂肪、钙、磷、镁、钠、钾、维生素 D_3，对比了 59 款成猫主食与 31 款老年猫主食，结果发现老年猫主食除了粗纤维含量明显高于成猫主食，其他项目并无显著差异，而增加粗纤维含量的原因主要是降低热量密度，避免老年猫肥胖症的发生，促进胃肠道蠕动，保证胃肠道正常运作。

3. 老年猫的饮食建议

（1）选择一款适合老年猫的优质食品的前提是，它本身就是一款优质食品（结合产品透明度、原料、营养值、口碑等分析，见本章第 2 节），适合老年猫只是因为某些营养素符合老年猫特殊的营养需求，包装上是否带有"老年"二字真的没那么重要；

（2）选择适合健康老年猫的主食：主食的类型包括干粮（膨化粮、低温烘焙粮、风干粮）、主食罐、主食冻干，根据铲屎官的经济条件以及猫的偏好进行选择。部分老年猫进食新食物的意愿会降低，打个不恰当的比喻，就类似于老年人对智能产品的排斥，此时铲屎官不要心急，适当地延长过渡换粮的时间，给老年猫更多的时间；营养值方面，建议喂食中等水平至高水平的高质量蛋白（非健康问题，不建议选择低蛋白饮食）、中等水平脂肪、低磷的主食，另外可额外补充 Omega-3（DHA 与 EPA）及抗氧化营养素；

（3）调节喂食量与频率，2~3 餐 / 天（甚至更多），促进营养素的利用，并且规律喂食，减少肠道应激；

（4）严格控制热量摄入，保证营养充足，避免出现肥胖症。

第**3**章

与猫同居

之 猫咪喝什么

　　解决了猫咪吃什么的问题之后，大家都会不约而同地思索猫咪喝什么、喝多少的问题。猫本来就进化成了耐旱动物和绝对肉食动物，野生猫基本在捕猎吃肉的同时就补充了水分，很少主动饮水。但家养猫主要以干粮为主食，所以必须保证充足的自主饮水量。

第1节

关注喝水的重要性

水对人类的重要性大家都知道，可以说人是"水做的"。水对猫来说也同样重要，在极端情况发生时，缺水比缺食物造成的死亡率更高。这主要是因为水的作用实在太多，在动物体内会参与代谢活动、调节机体温度，会辅助肠胃消化、肾脏排泄废物等。

● 水对猫来说十分重要

这就意味着猫每天都在丢失水分，其中排尿丢失的水分占比最大，粪便中水分占比较小，猫的呼吸过程也会通过肺蒸发水，具体的蒸发量由所处环境的温度决定（比如天气炎热或猫激烈运动之后，可能会通过喘气来加速呼吸，通过丢失水分达到降温的目的）。

在实际喂养中，养猫人开始重视饮水量往往和猫的肾病患病率提高有关，而且增加猫的水摄入量确实可以预防尿结石的产生。

第 2 节

水源选择

我们归纳的补水方法有两种：直接补水、间接食补。直接补水就是通过各种方法让猫直接摄入更多的水，间接食补则是通过给猫吃含水量高的食物，如主食罐、复水冻干等，以达到补水的效果。

方法没有好坏，只要能达到让猫多摄入水的目的就算成功，下面就为大家一一说明。

🐱 直接补水

1. 补水小心机

直接补水就是让猫直接喝水，不过因为猫毕竟不是人，再聪明的猫也没法做到你让它去喝水它就去喝水。所以勇敢的铲屎官们要和猫咪斗智斗勇，才能让它们更健康！下面列举了一些小心机，可以都试一遍，然后把对你家猫更有用的方法做到极致。

- ▶ 准备至少 3 个饮水点；
- ▶ 准备自动饮水机（有的猫更偏爱饮用流动水）；
- ▶ 选择陶瓷或不锈钢水碗（避免细菌残留）；
- ▶ 冬天是否为猫提供温水请视猫而定，如果提供温水会让你家猫喝水更多，那就提供；
- ▶ 不要把水碗放在食碗或厕所附近，这样可能会降低猫的饮水频次。有种说法是猫会认为摆在食碗或厕所附近的水是被污染的，所以不喝；
- ▶ 因每只猫摄入的食物、所处环境、运动量不同，没有每只猫每天必须喝多少水的规定。想要保证猫的摄水量，最需要做的就是随时给你家猫准备充足的可饮用水源；
- ▶ 猫狗一般很少水中毒，但如果在长期脱水、剧烈运动、热应激之后快速补水，有可能会出现细胞被破坏的情况，症状多表现为步态不稳、躁动、癫痫、昏迷等。

如果你家猫爱喝奶且少量尝试并无乳糖不耐受症状，也可以偶尔提供奶，作为补水方式的一种，但不可完全替代饮用水。建议优选不含乳糖的奶，如舒化奶。除此之外，单纯的羊奶和牛奶差别不大，但羊奶的 $\alpha s1-$ 酪蛋白、$\beta-$ 乳球蛋白含量比牛奶低，这两种蛋白是引起人类牛奶过敏的主要原因，对猫狗是否同理尚无准确结论。如果你家猫可能对牛奶过敏，可以少量尝试羊奶。

以上是我们"斜对面的老阳"公众号的读者分享的有效小心机，部分知识来自《犬猫营养需要》《犬猫营养学》。

2. 水源的选择

最让铲屎官们迷惑的问题无外乎水源的选择。到底是选择自来水、白开水、纯净水、包装饮用水还是选择过滤水？

国内外普遍认为，你喝什么就让你家猫喝什么，因为对你来说算健康的水大概率对你家猫也是好的（其实对人类来说饮用哪种水更有利健康也尚存在争议）。不过，相信这种答案并不能满足刨根问底的铲屎官，所以接下来只是大胆分享我们的观点，并不是绝对结论，欢迎大家自行研究判断，适合自家猫情况的才是最好的！

（1）自来水

自来水中最受人诟病的成分是氯、氟、亚硝酸盐，其中氯化物主要是净化消毒天然水源后残留下来的，含氯化物的自来水的优点是可以持续保持水碗里的水不被环境中或猫带来的微生物污染，但缺点是氯化物的气味会让部分猫反感，有氯过量危害猫身体健康的可能性，大部分地区自来水偏硬，对猫的泌尿系统健康存在消极影响。

● 自来水争议较大

基于上面提到的优缺点，对于是否用自来水喂猫目前还有较多争议。认为应该用自来水的普遍认为与其担心氯过量，不如担心猫到处乱蹿给水碗带来的微生物污染，而含氯自来水起码可以起到自净化作用。

基于种种争论，我们认为自来水确实不算猫的理想水源。建议铲屎官还是勤洗水碗和换水，这样就没有非用自来水的理由啦，毕竟自来水的缺点也很难忽视。

（2）白开水

● 白开水请勤更换

白开水多指自来水烧开后的水，自来水烧开后，氯化物含量会降低，过高硬度的水质也会得到改善。一项针对人喝白开水的研究指出，水在烧开后冷却到25℃～30℃时，氯含量最低，水的表面张力、密度、黏滞度等理性特征都会发生变化，水的生物活性也有所增加，更容易透过细胞膜，可促进机体新陈代谢，所以也推荐人们多喝白开水。

鉴于白开水氯含量低，作为猫的水源时请勤更换，保持水源干净。白开水如果反复烧开或烧开后放置48小时，水中的亚硝酸盐含量会偏高。综上，白开水算是猫可选的水源之一，但最好避免给猫饮用烧开后48小时以上的白开水，建议勤换水、勤洗水碗。

（3）纯净水、蒸馏水

非特殊情况不建议铲屎官和猫长期喝纯净水、蒸馏水。纯净水中不含矿物质和电解质，而猫的健康生长需要各种微量元素（其实人也一样需要）。最重要的是此类水呈酸性，长期饮用可能会导致膀胱结石。

（4）包装饮用水

平时如果不太纠结细节，几乎会

● 不建议长期喝纯净水、蒸馏水

把所有超市售卖的瓶装水都统称矿泉水。严格来说，市面售卖的瓶装水中，有矿泉水、饮用天然泉水、饮用天然水、其他饮用水等，现根据《GB/T 10789—2015 饮料通则》中的定义，将其总结为下表。

● 选择品质较好的包装饮用水

GB/T 10789—2015 饮料通则表

分类	基本定义	相关要求
饮用天然矿泉水	从地下深处自然用处的或经钻井采集的，含有一定量的矿物质、微量元素或其他成分，在一定区域未受污染并采取预防措施避免污染的水；在通常情况下，其化学成分、流量、水文等动态指标在天然周期波动范围内相对稳定	按GB 8537执行、GB19304—2018
饮用纯净水	以直接来源于地表、地下或公共供水系统的水为水源，经适当的水净化加工方法制成的	按GB 17323执行、GB19304—2018
饮用天然泉水	从地下自然涌出的泉水或经钻井采集的地下泉水，以未经过公共供水系统的自然来源的水为水源	GB19304—2018
饮用天然水	以水井、山泉、水库、湖泊或高山冰川等未经过公共供水系统的自然来源的水为水源制成的	GB19304—2018
其他饮用水	上述4种以外的饮用水即其他饮用水。如以直接来源于地表、地下或公共供水系统的水为水源，经适当的加工办法，为调整口感加入一定量矿物质，但不添加糖或其他食品配料制成的饮品	GB19304—2018

选择这类包装饮用水时需要结合具体产品、包装原料信息、水源产地等信息综合判断，如有需要可优先选择品质好的饮用天然泉水、饮用天然水作为猫的可选水源之一，但品质好代表价格也相对较高，不算大众选择，铲屎官可以根据自己的实际预算情况决定。

（5）过滤水

过滤水要根据采用的过滤器情况来看，常见滤芯基本都可以达到降低自来水余氯含量和水硬度的效果，只是具体降低效果有差别。目前使用较多的过滤器（净水器）滤芯一般有活性炭滤芯、PP滤芯、RO反渗透滤芯等。拿最常见的活性炭滤芯来说，其内部有大量孔隙结构，有优秀的吸附能力，

● 过滤水能降低自来水余氯含量和水硬度

可以吸附水中的悬浮颗粒、杂质、有机物，活性炭滤芯不只可以吸附余氯，还可以使游离氯水解，去除水中的氯。如果你家用的是净水器喝直饮水，那也可以提供同样的水源给猫。

综上所述，过滤水和白开水都能在自来水的基础上把余氯含量、水硬度降低，算是猫饮用水源的性价比之选，前提是一定要勤换水、勤洗水碗，保证水源洁净。如果预算充足且发现猫更爱喝包装饮用水（饮用天然泉水、饮用天然水）的话，也可以择优为猫提供。如果你长时间不在家没法保证水源洁净，提供含余氯有自净化功能的自来水也是一种非常时期的选择。但目前为止，并没有统一的结论能证明这4种水源中哪

种一定会让猫更健康，所以选水源和选猫主食一样，首先确定猫愿意喝的水源有哪些，在猫不讨厌的里面选择更适合猫的生存环境且符合你预算的，我们认为这就是适合你家猫的最优解。

3. 饮水容器的选择

（1）水碗

水碗的优点是产品丰富、形式多样，价位从几元到几百元不等，缺点是水不流动，有的猫更偏爱喝流动水。水碗材质建议选陶瓷、不锈钢（不易滋生细菌）的，碗的开口尺寸尽量大，以不要碰到猫最长的胡须为准（猫的胡须比较敏感，水碗边碰到胡须可能会让猫减少在水碗喝水的频次）。至于水碗深浅、是否斜口最好都给猫尝试一下，看自家猫更喜欢用哪种形状的，然后买类似的水碗，放在家里 3 个左右不同的位置，作为固定水源。

不锈钢

陶瓷

● 水碗形式多样、价格不等

（2）无过滤功能流动饮水机

单纯流动饮水机应该算最早形态的饮水机，主要就是内有水泵，多设计为喷泉的形式，让容器内的水流动起来，让猫以为是流动水，增加其主动饮水的频次。材质根据价位不同有

● 单纯流动饮水机有利有弊

塑料和陶瓷的，建议优选陶瓷的（不易滋生细菌），但陶瓷喷泉饮水机相对贵一些，重量也更重，不过更重也意味着猫更难打翻，有利有弊。

（3）智能过滤饮水机

● 注意智能过滤饮水机使用安全

得益于养猫人对猫咪喝水越来越重视，近两年智能饮水机越来越多，价格从 80 到 600 元不等，材质多为塑料的，个别是陶瓷的。此类饮水机与单纯流动饮水机的明显差别是几乎都含过滤滤芯，部分搭载 App 功能，用于远程控制、记录饮水次数、饮水量等。

铲屎官
温馨提示

　　智能饮水机在普及的同时也有一些消极事件，例如饮水机漏电、爆炸的事件。关于漏电，生产商基本会将饮水机送去权威机构检测，选购的话重点看是否有相关检测报告。想避免爆炸的话，需注意自家用电安全，并选择口碑、工厂生产能力较好的厂商。

（4）滚珠饮水器

　　喝水无特殊行为的猫不需要滚珠饮水器。但如果你发现你家猫经常把水碗里的水玩得"散落一地"、把爪子伸到碗里洗，或者只会用爪子在碗里沾水后再舔爪子喝水，就需要想想办法了。优先尝试不同高度深浅的饮水

● 使用滚珠饮水器需注意猫咪饮水量

容器，如果都不能得到改善，那可以考虑用滚珠饮水器。滚珠饮水器需要猫用舌头舔滚珠才会出水，对玩水、洗爪的行为有改善作用。需要注意的是，铲屎官应当严格观察更换滚珠饮水器之后你家猫的饮水量有没有减少。如果有减少，除了滚珠饮水器，可以考虑你在家的时候额外提供其他饮水容器，但如果这样对你来说可实操性太低，那就放弃滚珠饮水器，踏实勤快地拖地吧！加油，勇敢的铲屎官们！

> **铲屎官**
> **温馨提示**
>
> 不管大家为猫提供什么饮水容器，最重要的都是勤换水、保持水源和饮水容器洁净卫生。

如今铲屎官越来越重视猫咪喝水的问题，有需求就自然有市场，市场品牌方、生产商自然会着力去研发多样化的产品，这是好事。

间接食补

（1）主食罐补水

主食罐的含水量通常在75%左右，且肉含量高，也是被普遍认为更符合野生猫进食习惯的主食选择（吃肉的同时保证了水分摄入）。如果你的预算充足，可以直接给猫咪购买主食罐，好处是基本不用担心水摄入不足，坏处是钱包会痛。预算不足的情况下可以把主食罐作为补水零食，以吃零食的频次给猫喂食顺便补水，也是不错的选择。

这里主要讲讲为了补水准备主食罐有哪些操作技巧，具体如下：

> 准备不同品牌不同配方（口味）的罐头，提高猫的接受度，避免长期喂食同口味主食罐引起挑食；

> 170g 的罐头可分 3 次左右喂完，准备罐头盖、罐头保鲜盒，每次吃完后盖上罐头盖或将其放保鲜盒装进冰箱；

> 从冰箱拿出的罐头放至室温再喂食，可以再加入适量温水，提升骗猫喝水的效果；

> 优先选择主食罐，如果猫尝试所有主食罐后都不吃，再考虑优质的零食罐、汤罐。

（2）冻干复水

看字面意思，冻干复水就是用温水泡冻干后直接喂食。如果猫接受度高，直接用主食冻干复水喂食就可以。如果猫不接受主食冻干复水，可以再尝试零食冻干（一般为纯肉冻干）复水，因为零食冻干的适口性普遍更好，毕竟是纯肉！

（3）自制食物

蒸秋刀鱼、水煮鸡胸肉、自制肉主食等都能适当增加猫的水分摄入，但需注意，这些自制食物通常只能作为零食，需要控制喂食频率，不可天天顿顿给。自制肉主食比较特殊，充分搭配好食材和营养补充剂是可以做主食的，但充分搭配需要完善的食谱并计算相应数值，新手不建议一开始就以自制食物作为猫咪主食。

以上就是常见的间接食补法，简单来说，能用主食罐、主食冻干做到的事情就优选主食，这样在补水喂食的同时也能保证猫的主食摄入量。如果猫实在不接受这两类主食，那选择优秀的零食来达到目的也没问题。但零食坑较多，需要更费心，而猫的食量也有限，吃太多零食也会影响主食的摄入量，所以喂零食最需要费心的是适量以及适当的喂食频次！

（4）新兴补水产品

其实除了上面提到的主食罐、冻干复水等方法，宠物饮料也开始逐渐出现在大众眼前。而且噱头挺足，有的叫宠物啤酒，有的叫宠物奶茶，有的叫宠物火锅，仔细看原料表其实和常见的主食罐、冻干、零食罐几乎没差别，只不过大多含羊奶、牛奶、奶粉、水果蔬菜，基本以肉为基底。有的含水量和主食罐、零食罐差不多，呈肉泥状；有的含水量更高，呈液体状；有的是肉汤泡冻干。和常见主食罐、零食罐、冻干等的主要差别在形式，营销大于产品本身。

如果列一个间接食补推荐尝试顺序的话，基于对新兴产品工艺及原料等的把控忧虑，我们的内心顺序大概是这样的：

优质的主食罐　　　　优质的零食罐　　　　优质的新兴
主食冻干复水　→　　零食冻干复水　→　　补水饮料

● 间接食物补水推荐顺序

如何选择优质的零食或新兴补水饮料可以参考本书第 2 章的内容，简单来说就是看工厂、看原料、看配方、看口碑。

　　总之，这一切操作的最终目的是让你家猫多喝水。不管是上述哪种形式，只要产品本身质量过硬且你家猫喜欢，就算是适合的选择。只不过要根据主食零食的区别控制喂食量（零食食补不要天天顿顿给，这可能会导致猫挑食）。

第 4 章

与猫同居

之 猫咪玩什么

　　我们接触过许多宠物饲主，他们或只养猫，或只养狗，也可能猫狗双全，在和他们聊天的过程中我发现了一个有趣的共同点——他们中大部分人都认为，和养狗相比，养猫更加轻松。

在决定养狗之前，大家往往会经过一番深思熟虑，比如考虑房子是否够大，是否能为狗子提供充足的活动空间，未来的工作规划如何，是否需要常常出差或加班，是否有足够的时间遛狗，陪伴狗子的时间是否充裕，经济条件如何，是否能承担狗子的日常开销（尤其是中大型犬，伙食费加美容费可不是一笔小费用），环境是否对狗友好（部分城市对遛狗的时间及犬种有一定的限制）等。

和养狗一对比，养猫的维护需求似乎并没有那么高，对环境的要求也更宽松。除此之外，在普遍印象中，猫的性格更为"独立"，更加匹配忙碌的当代人的生活节奏。所以近年来选择养猫的人越来越多。

值得思考的是，养猫真有那么轻松吗？

● 为猫提供舒适的居住环境很重要

第1节

有瓦遮头、温饱不愁≠幸福

对猫而言，充足的食物与安全的居住环境，两个碗一个猫砂盆，就意味着优质幸福的生活吗？

答案并非如此。猫很特别，它们虽然进入了人类家庭，适应了与人类共同生活，但同时仍保留着野外祖先的许多行为，比如攀爬、磨爪、捕猎等，这些对于猫而言都是正常行为，但如果饲主对这些行为缺乏理解，就可能误会它们是不适合与人类共同生活的"恶猫"，更糟糕的是有些饲主还可能因此遗弃它们。

因此，对猫而言，仅仅是有瓦遮头、温饱不愁的日子可不一定意味着幸福。

第 2 节

猫的福利

动物福利指的是动物试图适应环境的状态,其核心思想是著名的"五大自由原则",该原则最初是针对集约化养殖的农场动物提出的,如今"五大自由原则"也成为宠物的基本福利。

🐱 五大自由原则

五大自由原则具体如下。

(1)免受饥渴的自由:能迅速获得新鲜的水和食物,维持全面健康和活力;

(2)免受不适的自由:提供适当的环境,包括遮蔽处和舒适的休息区域;

❶ 免受饥渴 ❷ 免受不适 ❸ 免受疼痛、受伤或疾病

❹ 表达正常行为 ❺ 免受恐惧和痛苦

● **五大自由原则**

（3）免受疼痛、受伤或疾病的自由：预防或迅速诊断和治疗疾病；

（4）表达正常行为的自由：提供充足的空间、适当的设施和同种类动物的陪伴；

（5）免受恐惧和痛苦的自由：保证免受精神折磨的条件和治疗。

值得注意的是，动物福利探讨的是每个动物个体自身的感受与状态，因此需细分到动物的种类差异以及动物所处环境的差异，比如猫的需求和狗的需求是截然不同的。在考虑猫的福利时，最重要的一点是从猫的角度考虑，而不是从人类的角度判断什么是好的。我们应当尊重它们的天性，允许它们表达正常的行为，解决它们的特定需求。

绝大多数宠物饲主都能保证自家猫"免受饥渴的自由"和"免受疼痛、受伤或疾病的自由"，在这两点上，大家投入了大量的精力，查阅各种资讯，为猫选择一款合适的主食或一间靠谱的医院，与此同时却常常忽略另外三个"自由"，从而无意中损害了猫的福利，而猫的许多行为问题确实与福利不佳有关系。

比如，对猫而言，磨爪是它们的先天行为，当宠物饲主不希望猫抓沙发或其他家具时，可能会通过大声呵斥、拍打、水枪喷水等方式干预，从猫的福利角度来看，这些行为损害了猫表达正常行为的自由。

除此之外，长期忽视猫的需求，也会影响猫的生活质量；不恰当的生活环境和充满压力的社交环境会让猫产生应激问题。

应激对猫的身体健康、心理健康的影响

应激会对猫的身体健康、心理健康产生影响，引发一系列周期性出现的异常状况。

应激对猫的身体健康、心理健康的影响	
泌尿系统	患膀胱炎的风险增加
胃肠道系统	间歇性腹泻、呕吐或食欲减退 饮水量降低 不愿排泄 在猫砂盆外排泄
生殖系统	应激母猫生育的幼猫出生体重较轻、增重缓慢 应激源会扰乱母猫的垂体和卵巢功能，甚至引起流产
免疫系统	患传染性腹膜炎的概率加大 上呼吸道感染的患病率加大
皮肤	过度舔毛，心理性脱毛
心理	长期沮丧

那么，我们应该如何保证猫的另外三个"自由"（免受不适的自由、

表达正常行为的自由、免受恐惧和痛苦的自由），让猫享受最佳福利呢？猫玩具或许能帮上大忙。

猫的玩具

别看猫咪身材小，它们可是天生的猎手。在野外，幼猫在断奶后开始食用猫妈妈带回来的猎物，进而慢慢学习捕猎行为（猫的猎物通常出现在黎明或黄昏，所以猫主要在这两个时间段捕猎）。有研究表明，猫的捕猎失败率高达50%，因此，在未进入人类家庭之前，它们需要花费大量的时间寻觅食物与捕猎，从而填饱肚子。

进入人类家庭之后，猫不再需要自力更生，过起了饭来张口的日子，但它们依旧保持着捕猎的习惯，并将这类行为转向玩以下玩具。

1. 捕猎玩具

猫对快速移动的物体充满兴趣，捕猎游戏就是模拟猫在野外猎食的场景。

● 使用鱼竿式逗猫棒与猫玩耍

（1）鱼竿式逗猫棒

主人将羽毛、软性绒毛玩具、响纸玩具等猫感兴趣的物体悬挂在鱼线或铁丝的一头，然后挥舞逗猫棒，模拟猎物活动的过程。

使用鱼竿式逗猫棒也有方法技巧，如下所示。

（1）猫会进行短期爆发式捕猎，铲屎官可以通过突然改变速度或方向、将玩具藏至隐蔽处（如地毯下、沙发背后等）再突然出现等方式吸引猫的注意力，让猫快速奔跑、跳跃、撕咬，每次 5 ～ 10 分钟即可。

（2）在这 5 ～ 10 分钟里，猫可能只有前一两分钟兴致高昂，因为它们很快会习惯一种玩具，然后失去兴趣。可以考虑使用不同材质或特征不同的玩具进行替换，让猫保持兴趣。

（3）对于猫而言，捕猎的快乐与成就感除了在捕猎的过程中，还在于捕到猎物的那一刻。有的铲屎官在与猫咪互动的过程中，自己玩得"太上头"，生怕猫抓到玩具，久而久之就会导致猫产生挫败感。正确的做法是时不时让猫抓到一下，然后趁它不注意再迅速抽回。

（4）设计不同的逗猫棒在人类看来或许区别很大，可对于猫而言并没有什么不同。动物从视觉上区分物体的方法主要是依据其亮度、运动、质地、深度和颜色，铲屎官在挑选逗猫棒时应考虑猫的偏好及破坏能力。

（5）每次互动完将逗猫棒收纳好，放在猫自己拿不到的地方，这也是让猫保持兴趣的方法之一。

（2）球形玩具

球形玩具凭借弹力、滚动、路线变幻莫测吸引猫的注意。现在市面上有各种设计新颖的猫咪专用球类玩具，内置模仿鸟类、鼠类发声的零件或由电池驱动移动，猫主人可根据猫的喜好选择一款合适的。

● 球形玩具可吸引猫的注意力

● 猫咪对悬挂玩具的热情
　比较短暂

　　将具有弹力的玩具悬挂于门把手或猫爬架上，玩具在空中摇曳，功能类似于逗猫棒，只是不用铲屎官操作，猫可以自娱自乐；缺点是猫咪对这类玩具的热情比较短暂。

　　除了常见的逗猫棒、球形玩具和悬挂玩具，市面上还有许多毛绒玩具适合用于捕猎游戏，挑选时考虑猫的偏好，使用时避免被猫误食即可。

2. 磨爪玩具

　　猫主要通过嗅觉信号和留存的气味来管理自己的领地。在猫的颊部、嘴周、尾巴基部、爪部、肛门处都有产生气味的腺体，猫行走时会留下爪部的气味，磨爪则能更有针对性地留下气味用于标记领地。除此之外，磨爪还能够磨利爪子、伸展肌肉，而猫一般在睡醒后或兴奋时磨爪。

　　猫主人若不希望猫使用家具磨爪，就应为猫提供适合的磨爪玩具，不同的猫对磨爪玩具的材质和方向（垂直、倾斜、水平）有不同的偏好。

　　最常见的是瓦楞纸猫抓板，优点是猫的接受度较高，造型多样，缺点是不太耐用，使用后期会掉屑。除此

● 瓦楞纸猫抓板

之外，还有剑麻磨爪柱、板以及各式各样带有可磨爪区域的猫爬架、通天柱等。

● 剑麻磨爪柱

● 可磨爪的猫爬架

如果猫不太接受新的磨爪玩具，可以考虑将猫薄荷撒在磨爪玩具上吸引猫咪，或使用逗猫棒等互动玩具引导，将其摇动至磨爪玩具上，当猫的爪部气味在新磨爪玩具上留下后，猫便会慢慢接纳它。

另外，建议将磨爪玩具摆放在家庭成员最常待的区域以及时常路过的区域，多猫家庭建议设置多个磨爪玩具，因为部分猫咪不太愿意共用磨爪玩具。

还有一点需要注意，虽然磨爪是猫咪的正常行为，但若磨爪频率过高、磨爪位置过多、磨爪时间过长，这时应考虑是否与焦虑或应激有关。

3. 攀爬玩具

在野外，猫通过分散行动、躲避其他不熟悉或有威胁的猫来减少冲突及控制领地；进入人类家庭后，猫不能再使用这些方法，因此需要通过躲藏或跳高等其他行为来应对环境。比如，当有陌生人来家中做客，猫感到害怕，但家中没有可逃跑的路线或躲避的场所时，猫会感到无法掌控情况，就可能出现攻击行为。铲屎官要为猫提供可以攀爬的玩具，扩大活动的空间（顶部空间可用于休息与躲藏），同时让猫拥有足够高的视角观察周围的环境，增加猫的可控性，预防应激。

攀爬玩具能让猫生活得更有安全感，缓解压力。常见的攀爬玩具包括通天柱、猫爬架及装在墙上的各式各样的猫家具。

除了以上攀爬玩具，猫隧道也是猫非常喜爱的"避难所"。

● 各式各样的攀爬玩具

铲屎官
温馨提示

各种攀爬玩具的作用类似，各有优缺点，铲屎官可根据自己的需求选购。

攀爬玩具的优缺点

	优点	缺点
通天柱	部件可自由搭配、更换，稳定度较高	价格偏高，安装较复杂
猫爬架	性价比较高，安装简单	稳定度偏低，配件无法更换
墙上家具	可自由设计，稳定度较高，不占地或占地面积较小	需要在墙上打孔安装，不适合租房人群，价格较高

● 猫隧道

4. 益智玩具

每天食物准时出现在碗里，甚至 24 小时碗里都有食物，这样饭来张口的生活也会令猫咪觉得无聊，增加一些获取食物的难度或许能够让吃饭变得更有趣。

常见的益智玩具包括舔食垫（适合湿粮使用）、漏食玩具、慢食盘、嗅闻垫等。

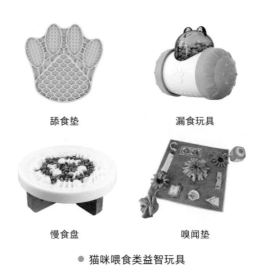

舔食垫　　　　　　　　漏食玩具

慢食盘　　　　　　　　嗅闻垫

● 猫咪喂食类益智玩具

无论是哪种益智玩具，在猫初次使用时都需要铲屎官慢慢引导，不断展示如何使用，不建议一开始将难度设置得太高，如果猫持续无法获得食物可能会降低它对益智玩具的兴趣。铲屎官让猫在第一次接触玩具时能够轻松获取食物，然后再逐步提高难度，让猫重新享受"自力更生"获取食物的快乐。

　　综上所述，仅仅有瓦遮头、温饱不愁的生活对于猫而言是远远不够的。由于对猫缺乏了解，人们常常会忽略猫的攀爬、磨爪等需求，限制了它们的先天行为，因此损害了猫的福利，导致一系列的行为与健康问题。而借助各种玩具，主人为猫构建一个更好的家庭环境，允许它们表达正常的行为；同时，互动玩耍增进了铲屎官与猫之间的感情，丰富的环境也有助于降低与应激相关疾病的发病率，或减轻严重程度。

第 **5** 章

与猫同居
之 居住环境

在前几章，我们一起解决了猫咪"吃什么""喝什么""玩什么"的问题，接下来就是更加进阶的环境问题了。这一章我们需要了解如何从猫的角度出发，给它打造一个兼顾福利与舒适的健康居家环境。

＼ 第1节 ／

从猫的视角审视环境

把猫带回家，给它一个温馨且不愁温饱的舒适环境是一件很有幸福感的事情。但这种感觉完全是从我们人类视角出发的。从猫自身的视角出发，不管以前它是在福利健全的正规猫舍里享受母亲和繁育人的呵护，还是在野外饥一顿饱一顿地流浪，都是在它自己的地盘上施展它的动物行为。而加入人类的家庭，对它而言是脱离以往熟悉的环境，"被迫"去适应新生活，必然会产生恐惧。

它是猫，不是人，我们不可能去苛求一只小猫咪理解为何要更换环境。在处理和猫的同居问题时，最应该避免的就是将猫"拟人化"，这里我们绝对没有危言耸听，很可能你和猫日后面临的各种问题的根源就是你一直将它过度"拟人化"。

很多主人在猫还没到家之前，就信心满满地张罗了一堆食物、窝垫、玩具，等猫到家便兴致满满地安排猫挨个试用、玩耍。面对着陌生的一切，猫感到十足的恐惧，甚至可能因为长期无法适应，导致情绪、社交等需求无法得到满足，继而引发一系列行为问题（如尿床、攻击、扰民，等等）。

反过来说，行为问题也是猫的需求没有得到满足的表现，即使是已经在家里居住很久的猫，若突然发生了一些行为改变、行为问题，主人也需要考虑是否源于福利状况或者身体健康的影响。

面对一系列给生活带来极大麻烦的行为问题，有的人就会产生一种类似"我把猫宠坏了""我就是太纵容猫"的想法，轻则把猫揍一顿或威慑一下出出气，重则选择遗弃。

这当然是我们大家都不愿看到的结局，因此我们要学会让猫当猫，从猫的角度去考虑它们的居住需求，同时结合我们自己的居住需求，让猫保持健康的身体和心理状况，这是我们在布置猫的居住环境时的一个大原则。

放弃那些光满足人类视觉需求的猫窝

　　说到居住，在很多新手主人的认知里，宠物得有一个居所，狗有狗窝，猫自然也得有一个猫窝。

　　但是，等新手主人兴致勃勃地买回来一个设计精美、外观可爱的窝以后，很有可能会发现，猫不睡，钱白瞎。其实，对于刚刚到家的猫而言，最好不要提前准备传统的猫窝，等它们逐渐适应新家生活后，再根据需要考虑是否安排一个传统猫窝也不迟。

　　毕竟对猫这种充满警惕性的小动物而言，睡觉还真的是有一套它们自己的标准的，让我们一起按照它们的标准来选择猫窝吧。

材质偏好

　　猫窝材质千千万，有棉的、帆布的、绒的、麻的，甚至还有塑料的、不锈钢的，我们先从材质上对猫窝进行筛选。

有一个很简单的方法，观察你的猫在不被干预的情况下会选择在什么地方睡。如果是在你的床上，就可以选择和床品材质类似、乳胶填充的窝垫；如果是在你的某件衣服上面，就可以选择相近材质的，若实在找不到，就直接牺牲一下衣服，把它铺在窝上也不失为一个好办法。

● 材质与温度合适的猫窝更易得到青睐

在材质的选择上，除了考虑猫的喜好，温度也是一个考虑要素。例如，对很多没有供暖的南方家庭来说，保暖性更好的、绒面质地的猫窝在寒冷的冬天里会格外受欢迎。而夏天，一些散热的和透气性能较好的材质，比如麻、不锈钢、网面、草席等则会更容易得到猫的青睐。之前就有主人考虑得不够全面，非要在大夏天给猫咪提供一个包裹性很好的珊瑚绒猫窝，可爱是可爱，可是猫热啊，这就怪不得人家不乐意去睡了吧。

气味偏好

● 猫窝的气味不容忽视

气味上的偏好不像材质来得那么直观，但是猫的嗅觉可比我们人类强大不少，一些极容易被我们忽略的气味，很可能成为它厌恶这个窝的源头。市面上一些猫窝的材料是人造纤维制品，厂家甚至还会使用甲醛对其进行防皱防缩处理。

大小选择

　　人类买床要看大小，给猫买窝肯定也要看大小。但猫和人不太一样，有条件的话我们恨不得床越大越好，但对于大部分猫而言，太大的空间并不能提供足够的安全感，尤其是对安全感有很高需求的幼猫更是如此，毕竟不是所有生物都喜欢像"霸道总裁"那样每天从 200 平方米的大床上苏醒的。

● 猫窝的大小需考虑猫
　的安全感需求

但是太小的窝也不是一个令猫舒适的选择，即使有的猫喜欢蜷缩着入睡，但过于窄小的睡眠环境依然可能遭到猫的嫌弃。

买窝之前先量一量猫的身长，根据身长选择相近直径、边长的猫窝就差不多了。

放置位置

除了对窝本身进行选择，还有一个非常重要的因素会影响猫对你买的窝的喜好程度，那就是放置的位置。

前面提到，猫对睡眠环境的安全性有比较高的要求。如果猫已经在家里居住了一段时间，那么观察它过往习惯的睡眠位置，将窝放置在附近就可以了。如果是新猫到家，则建议选择没那么容易被打扰的空间，如可以利用窗帘遮挡的角落、床尾，甚至桌椅下面，避免放到靠近过道、门口等我们活动比较多的地方。待猫逐渐适应了新环境以后，再根据它的需求重新更换猫窝位置。

对于已经适应环境的猫来说，它们可能更喜欢可以居高临下监视整个房间的垂直空间，或者能享受日光浴的窗户附近，但需注意的是养猫一定要封窗！

🐱 安全性

安全性可能是最容易被大家忽略的地方，即使是养猫老手都可能会认为：一个窝而已，能有什么危险？

但是因为猫窝本身的设计缺陷或者使用不当而导致猫咪受伤甚至失去生命的例子还真不少。

例如一个猫窝套上的拉链头，就可能被部分喜好啃咬异物的小猫误食，让它遭受开腹之苦。对于这类有啃咬异物习惯的猫，就需要选择有隐藏拉链设计的猫窝产品。另外，有些拉链上的金属件有可能因为质量不好断裂之后划伤小猫。

传统的猫窝可能有一些安全隐患，我们在选择新兴产品时可能会面临更多的顾虑。随着近几年宠物市场的扩大，越来越多的高科技产品面世，但是这类产品没有经过市场的打磨，往往存在一些设计上的安全缺陷。例如有一段时间智能猫窝风靡国内猫圈，然而没过多久，一起接一起的智能猫窝安全事件迅速浇灭了大家对它的追求。消费者发现该猫窝存在非常大的设计缺陷，一旦猫用力不均就会导致倾倒、倒扣，在紧张慌乱的情况下猫根本无力从猫窝中逃脱，加上缺失透气孔，在应激加上缺氧的情况下，如果主人不在家无法及时施救，就是一场悲剧。

新兴产品确实为我们提供了很多传统产品无法提供的功能，但是在选择这类产品的时候一定要理智，至少从猫的角度去考虑两个问题。

（1）这些新增加的功能到底是不是猫真正需要的？

（2）它的安全性如何：有没有倾倒风险？小配件有没有隐藏起来防止猫吞食？是否有漏电触电危险？

纸箱迷思

猫窝不是一个养猫必需品，但纸箱肯定是。金窝银窝都不如纸皮窝，坊间传闻，只要有一个快递箱，过一会儿里面就能"长"出猫。

快递箱对猫的诱惑力毋庸置疑，如果你已经换了千千万万个猫窝却都得不到猫的青睐的话，不如直接丢个干净点的纸箱给它，在寒冷的天气再铺上毯子或者几件旧衣服，性价比极高。

● 猫很喜欢快递箱

为什么快递箱的魅力这么大呢？其实多半是由于它的半封闭设计。加上纸箱开封后自然敞开的顶面，既可以拥有监控视角，又自带庇护功能，完全符合猫既是捕猎者又是猎物的身份定位。

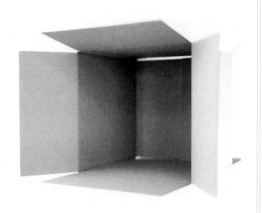

● 侧放快递箱

我们还可以尝试把纸箱的底部也打开，侧放形成一个隧道，这样做让纸箱兼具了逃跑功能，对猫来说安全性更强。

除了纸箱的形状招猫喜欢，纸箱的材质也深受猫的欢迎。野外的猫常常在树皮上磨爪，而纸箱的原料——瓦楞纸，在气味和触感上都和树皮非常相似，让猫情不自禁地在上面磨起爪子。

但有一点值得注意，很多猫喜欢在纸皮上用牙打孔，猫主人们要注意避免让猫误食纸皮碎屑。

创造一个供猫躲避的专属空间

创造一个供猫躲避的专属空间，这一点在上一节猫窝位置的选择上我们曾简单提及。窝不一定是猫的必需品，但是躲避空间一定是猫必需的。

面对刺激，比如陌生客人的拜访、沾有其他动物气味物品的出现、大件家具的新增，以及多宠物家庭中其他成员带来的干扰，大部分猫往往首先

● **躲避空间对猫十分重要**

是通过躲避来应对的，其次是逃跑，最后才是攻击。

因此，提供安全的躲避空间能够避免猫在应对刺激时出现进一步的防御行为。当猫被吓得上蹿下跳或者开始攻击人或其他小动物成员的时候，一定程度上说明它在这个家已经"无处可躲"了，这个时候的责骂或者惩罚不仅毫无用处，反而会进一步刺激猫咪的防御系统；请你一定要先反思家里是否满足了猫对躲避空间的需求，如若没有请积极改善。

不要忽略猫的探索需求

除了带防御性质的躲避需求，带娱乐性质的探索需求也是猫咪情绪需求的一部分。很多时候，躲避空间甚至可以和探索空间重合，比如猫隧道和猫爬架高处的小盒子。

还是那个原则——从猫的视角考虑需求。我们人类日常已经习惯了与身高水平相等的世界，而猫的世界则多了一个垂直维度。在空间的利用上，多开发垂直空间，既能省下寸土寸金的平面面积，还可以满足猫的高度需求，何乐而不为呢？

在垂直高度上，还可以进一步细分为高、中、低位置，最高点可以布置一些半封闭型的躲避空间，中间则可以在窗户附近设置能晒到日光的窗户吊床，靠近地面的地方设置猫隧道，里面可以放一些猫喜欢的小零食，满足它的探索需求。当然，这只是一种最简单的方案，更多的空间自然是要根据你家猫的需求去开发啦！

● 猫爬架上的盒子

● 猫爬架的垂直空间可以满足猫的探索需求

第5节

多猫家庭的空间布置

随着国内养猫热潮的兴起，养猫的家庭变多了，很多家庭开始养两只猫，甚至三四五六七八九十只猫。

随着"新成员"的加入，"原住民"和"新成员"之间的相处问题令人十分头疼。尤其对于国内大部分的城市家庭而言，养猫的平面空间有限，除了考虑上文提到的单只猫的需求，还需要考虑到多猫之间的空间资源分配问题。

多猫家庭如果没有预防或者及时干预，乱排泄、喷尿、打斗等问题都会接踵而来，最后很可能令主人崩溃，"原住民"应激，"新成员"被迫离开。

我们先从猫咪的角度了解一下，它们是如何看待"室友们"的。虽然猫并不完全是独行动物，但是它们的进食、休息、排泄等行为都是独自完成的。在野外，猫的社交环境局限于它们自身所处的群体，而家庭环境中引入"新成员"其实就是在打破它们的社交距离。如果这个时候它们发现自身原有资源被占据，那么和"新成员"的关系自然更加紧张。

当"新成员"加入家庭时，首先要避免的就是让"新成员"与"原住民"处于同一空间。在"原住民"空间尽量保持不变动的情况下，为"新成员"提供充足的猫砂盆、食物及休息空间，期间不过多陪伴和打扰，等它在自己的空间里完全适应后，再慢慢交换双方的气味，比如把沾有一方气味的布条放置在对方的空间内，让它们互相熟悉彼此。

● 多猫家庭

当它们对彼此的气味已经完全适应以后，可以尝试在围栏隔断或门缝的帮助下，让它们短时间见面。等它们都没有出现躲避、逃跑、攻击等行为后，就可以尝试让它们正式见面啦！

之后，即使它们已经居住在同一环境下了，依然要重视资源的分配问题。除了按照数量增加食物、饮水、猫砂盆的配置，主人还需要多观察每只猫的玩耍和休息轨迹，分别按照它们的需求布置好躲避、探索、休息空间。

● 在多猫家庭，若不及时干预，极易出现猫的打斗问题

第6节

养猫家庭的家具选择

我们经常听到一些养猫人士在选购家居用品的时候说："我不配拥有这么贵的沙发！"说得好像很多养猫家庭的沙发、窗帘都是布满抓痕和破洞一样，难道养了猫就不能用上正常的沙发吗？

当然不是。在选择沙发、窗帘等的材质时，我们要尽量避免"脆弱""吸引猫"的材质，选择相对耐磨且好清洁的面料，例如近期市面上比较流行的科技布。当然，再"抗造"的面料也难逃猫的"日夜耕耘"，关键还是要通过其他途径满足它们的抓挠需求，例如各种各样的猫抓板。除了常规的平面猫抓板，模拟沙发边缘的垂直猫抓板也应该列入考虑范围。

　　沙发、窗帘面临的危险是猫的抓挠，而猫面临的危险则是各种没有固定住的柜子可能的倾倒。在安装垂直家具时，一定要注意防倾倒，尽量利用五金件将其固定在墙体上，防止在猫咪跳跃时家具倾倒从而压伤无辜。

● 养猫的人需要谨慎选购家具

第 **6** 章

与猫同居
之 猫咪出行

　　在常规观念中，相较于养狗需要每天外出遛狗来说，遛猫并非必须。我们觉得更贴切的观念可能是：出行与否取决于你家猫的性格，以及你愿意为之付出多少，包括你的时间、精力、学习能力、耐心程度等。这几年遛猫的风确实也越吹越大，所以这里就把猫咪的出行分为：遛猫、短途出行（如就医、寄养、搬家）、长途出行（火车、长途汽车、飞机）三种，按顺序来分享一下我们对遛猫的理解和看法。

第1节

遛　猫

在提起遛猫这个概念的时候，大多数人都会第一时间产生疑惑："猫还需要遛？猫不是在家待着就行了吗？猫又不是狗。"这很正常，因为过往我们接触的观念或知识来源，都在传递这样的认知。知识和认知会不断更新迭代，"该给猫提供怎样的生活方式"也会随着现实大环境而不断改变。

🐱 该不该遛猫

首先我们可以明确，基于现有研究来说，绝大部分猫的身心健康与是否外出没有直接关系。这也代表遛猫并不是猫在作为宠物时所必需的，遛猫更多的时候是一个"兴趣爱好"。搞清楚之后，就可以很好地回答该不该遛猫这个问题了。既然是兴趣爱好，答案就是遛不遛完全取决于猫。有这个兴趣的猫就可以尝试带它出去遛，没有这个兴趣的猫就不必非要带出去遛。

相信看到这里，铲屎官们又会产生新的问题，比如：怎么判断我家猫对外出遛遛是否感兴趣？

如何判断你家猫是否喜欢外出

抛开方法论不提，国外的猫行为学学者普遍认为没有人比你更了解你的猫，如果你想知道关于你家猫性格、行为、爱好的事情，只需要擦亮眼睛，静下心来观察它们即可。

例如你想知道你家猫对外出的兴趣，试着回想一下你家猫在你开家门时总试图冲出门外吗？或者有没有无缘无故地站在门口发出叫声、在窗边坚持不懈地叫（且没有鸟、虫经过）？又或者你搬家、带它去医院等外出的时候，它是否非常放松，可以很快地和陌生的人、动物共处一室，甚至会主动探索新环境（嗅闻医生的电脑、在封闭房间的每个角落自信地探索游走）？如果你家猫有以上情况，可以

● 细心观察猫咪的性格、行为、爱好

初步判断为可尝试外出散步的类型。

铲屎官
专家点拨

国外也有学者尝试把猫的性格按颜色进行分类——分成绿色、橙色、紫色，判断依据主要是猫的顽皮程度、对新人和环境的反应、喜欢被摸和被拥抱的程度。详细的知识铲屎官们可以去 adventurecats 官网学习。

这里简单概述结论，即绿色性格的小猫是派对动物和乐队领袖，更适合和人类一起外出冒险；紫色性格的小猫寻求感情，非常安静，往往不会遇到麻烦但相对谨慎、喜欢独处、容易对外出感到压力；橙色性格的小猫基本算人类的"好伙伴"，虽然勇敢度得分比较低，但总体而言还算喜欢冒险。一句话概括就是：绿色和橙色性格的小猫可以尝试外出冒险，紫色性格的小猫因为容易有压力不建议尝试。

此处划重点：对外出感兴趣不代表一定适合外出散步。这很好理解，就像有些人光看网络博主的推荐觉得自己挺喜欢露营的，结果实际去尝试之后发现自己体力跟不上，或者适应不了野外的艰苦环境，最终不会成为长期露营爱好者，但这并不妨碍他们还是对露营保持兴趣，如果看到类似的内容还是会观看，区分两者的关键点就是实战尝试。

遛猫初尝试

如果你认为你家猫属于可以尝试外出散步的类型，下一步咱们就进入尝试阶段。越来越多人遛猫的最大好处是我们有了更多的学习对象，前人的经验非常宝贵，国内外都有一些长期分享自己遛猫过程、经验、故事的网站、博主。在进行实操尝试之前，建议大家先大量观看这些内容，可参考 adventurecats 官网，或者在常见的视频网站搜索"遛猫"。我们根据自己的经验和前人的知识总结了遛猫初尝试需做好的准备，大概分为以下 5 个环节。

1. 购买合适的装备

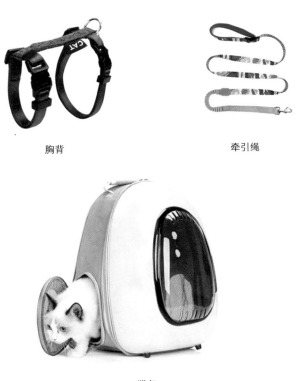

胸背

牵引绳

猫包

● 适合遛猫的出行基础装备——胸背、牵引绳、猫包

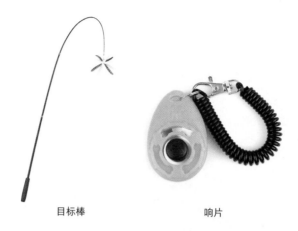

目标棒　　　　　　　　　　　　响片

● 适合遛猫的出行引导装备——目标棒、响片

便携饮水器　　　　　　　　　　　水

猫爱吃的食物

● 适合遛猫的饮食装备——便携饮水器、水、猫爱吃的食物
　（主粮或零食皆可）

2. 外出训练准备

装备齐全之后，就开始正式的外出训练。要想猫第一次外出不发生意外，请一定要慎重，训练其实是把猫"适应装备—穿上装备—戴着装备行走"这一套动作无限分解成单个动作任务，每个训练都是为了帮助猫适应外出并防止出现猫在外出时挣脱胸背跑窜难找回的情况，详细步骤如下所示。

（1）叫回训练

手拿猫最爱的食物，与猫隔开一定距离，用常用称呼叫猫，当猫一听到称呼就跑到你身边立刻按响片并给一次食物，如此循环训练，每天 5～10 分钟即可。训练到后期，逐渐把零食袋藏到背后（以猫看不见且不影响你拿出食物为准），让猫能只凭叫声或手势就回到你身边。

● 叫回训练

（2）熟悉胸背训练

叫回训练完成后，开始让猫熟悉胸背。在猫的放松状态下，将胸背先放置在猫附近，抵达猫不反抗的临界距离，立刻按响片给食物。每天也是 5～10 分钟，直到胸背直接与猫接触猫也能保持轻松为止。

（3）穿上胸背（只穿不彻底扣上）训练

猫不反感胸背之后，就可以尝试给猫穿上胸背但不扣上，让猫先适应轻松穿着胸背。每次一穿上胸背就马上按响片给食物，持续时间可以从 5 秒开始，逐天增加至 10 分钟，直到猫可以长时间不反感穿胸背为止。

（4）彻底穿戴胸背训练

给猫完全穿好胸背，每次一穿上胸背就马上按响片给食物，持续时间可以从 5 秒逐天增加到 10 分钟，直到猫可以长时间不反感完全穿上胸背为止。

（5）只穿胸背行走训练

猫刚穿上胸背可能会无法行走，这时候可以重复第一阶段的叫回训练，引导它穿上胸背行走，直到猫能穿上胸背自如行走甚至奔跑为止。

（6）穿胸背＋牵引绳训练

给穿上胸背的猫加牵引绳（这才算完全穿上外出装备），猫会不适应用力拉扯，这时候需要先扣上牵引绳引导猫行动。两人合力完成更佳，一个人负责拉牵引绳，另一个人负责在前面引导，猫跟从引导到达指定地点立刻按响片给食物，直到猫可以习惯牵引绳自由走动为止。

完成这一系列响片训练之后，我们就可以开始安心外出踩点了。第一次尝试外出，选择合适的地点是有效防止猫逃窜无法寻回的办法。

3. 外出踩点

一般来说，如果你家有院子，那就近选择自家院子让猫尝试是最佳的。如果你家是楼房，那可以选择你们这一层的走廊（这个选择比较保险，但有可能让猫形成习惯，频繁想外出在走廊遛弯），此外还可以选择你们楼栋附近的小区绿化带（因为都是在猫目光所能及的地方，和选择走廊存在一样的潜在可能性）。

考虑到不可控因素，虽然走廊和楼下小区绿化带都存在问题，但已经是综合考虑后实操性较强的选择了。

重点知识：带猫尝试外出时不要直接牵着猫从家门自己走出来，最好是将它装在猫包里带到门外选择好的地点，否则猫更可能在其他非外出时间养成冲出门外的习惯。

4. 外出的注意事项

（1）外出前一定要最后检查一次胸背、牵引绳是否已戴好。

（2）一定要带你家猫最喜欢的食物，以防逃窜后没有食物作为引诱而难以找回，虽然按照上面的操作步骤严格执行后，很少会发生这样的突发情况，但总归有备无患。

（3）最好带上猫包或航空箱，一旦有任何突发情况，都可以让猫有安全封闭的地方待着，比如突然遇到大狗。

（4）如果在走廊或院子尝试，请一定开着离家最近的那道门，万一有任何情况猫可以选择这条路线快速回家。

（5）一定要带好水，猫反应过激或天气较热的时候要保证猫能喝上水。

（6）时刻关注猫，防止误食。

（7）不要拉扯猫行走，全程让猫带领你行走，如果猫长时间站在一个地方不动也很正常（事实上你回想一下它们就算在家也经常这样）。

5. 观察总结

完成以上所有操作以及尝试第一次外出冒险之后，咱们就需要坐下来好好复盘一番了。问自己几个问题，例如：你家猫在外出过程中是否不过度紧张？是否会充满好奇地主动探索周遭？是否存在想挣脱背带的情况？是否有乱吃的倾向？回家之后是否能配合清洁（如用湿巾擦爪子和底盘毛毛或洗澡）？是否有不适应、精神不好或皮肤过敏等情况？

总结一番之后，相信铲屎官们都能得出自家猫是否适合继续外出冒险的结论。如果是，那恭喜你们可以作为冒险搭档啦；如果不是，也一样可以陪它们在家冒险玩耍、丰富生活。千万别灰心，咱们的指导思想是：一切以猫为本！

关于遛猫还有很多深度内容，大家可以发挥自己的学习能力，在我们推荐的网站学习或者自己去挖掘、去研究。接下来我们开启更多铲屎官会遇到的带猫短途出行的章节。

短途出行

带猫短途出行基本上是规避不了的，如常见的带猫外出就医、寄养（现在也有很多上门喂养，如果能找到可信任的上门喂养对象算是非常不错的选择）、搬家。

短途出行情况基本相似，也不用像遛猫一样提前训练，但还是需要准备一些事项，同时如果你家猫属于敏感且容易应激的类型，需要多注意！下面从装备选择和注意事项等方面来介绍一下。

外出基础装备选择

外出装猫的东西很多，大致可分为猫包、航空箱、猫行李箱。猫包的优势是背着省事，随放随背；航空箱顾名思义，可以装着猫上飞机，

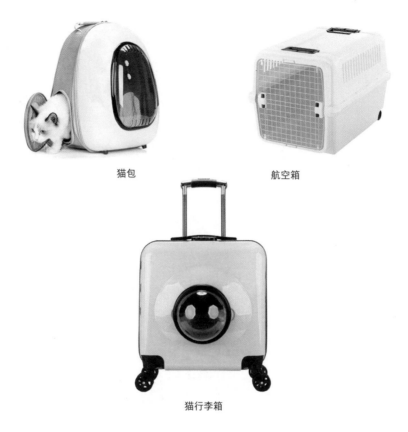

猫包   航空箱

猫行李箱

● 猫咪外出基础装备

坚固度和防逃出能力顶呱呱；猫行李箱是这几年的新产品，可以理解为带轮子的猫包（箱），优点是像行李箱一样方便滑行，缺点也很明显，在不方便滑行的地方手提真的蛮重的，它本身的结构也不是为手提设计的，所以很可能比提航空箱更累。

　　三种类型的装备各有优劣，但不管选择哪一种，据我们的经验来看，猫的一生至少需要一个航空箱。

外出饮食装备选择

便携饮水器

水

猫爱吃的食物

● 猫咪外出饮食装备

　　和遛猫准备同理，出门在外，猫最爱的食物必须多备一点，以确保诱惑猫咪配合医生检查、打针或让它在新环境中得到放松。便携饮水器最好带一个，如果事出紧急没准备，带瓶矿泉水也是个办法。

其他用品准备

尿布

猫玩具

毛毯

● 猫咪外出其他用品

除了前面介绍的需要准备全套日常用品和食品的情况，在当天出发当天回的情况下建议可以带上尿布，毕竟猫也有三急（而且有些猫在紧张情况下会排泄尿液）。情况允许的话，最好带一块猫常用的毛毯或玩具，如果你家猫有常玩的嗅闻垫，记得把它和猫放得越近越好，这些东西身上有猫熟悉的气味，有利于帮助猫缓解紧张情绪。

🐱 注意事项

（1）尽可能在航空箱、猫包、猫行李箱底部垫一张尿布，并至少多准备一张尿布以备更换。

（2）如果你家猫属于压力体质，请多准备一张大毛巾以便随时用来遮住航空箱、猫包等装备，阻隔猫的视野以减缓其压力。

（3）猫情绪激动的时候不吃不喝是正常的，如果是短期反应就不必过度干预，以免引起二次应激。如果猫在较长时间内一直吐舌头，不吃不喝，可以尝试给予少量无乳糖牛奶（用量在一瓶盖内，避免过量，否则反而会引起猫咪拉肚子）。

（4）外出前最好给猫咪剪指甲，否则猫在外面激动挣扎时可能会误伤你。

以上就是带猫外出时的装备选择和注意事项，为了预防各种突发情况，书里尽量列举了可能出现的极限情况，看到这里你可能会对带猫短途出行感到焦虑和有压力。铲屎官们大可放心，并不是每只猫都会有如此极端的情况，但也有个别猫会比列举的这些情况还极端。最重要的是不要抱着侥幸心理，该出门上医院还是得去，实在需要寄养或搬家还是得正常进行，做好充分准备是避免意外发生的不二法则！

至于长途出行，除了这些准备外，还有令人头痛的申请规则操作，各地的规则可能略有差别，但我们还是尝试整理基础操作流程供大家参考。

长途出行

本节主要讨论带猫坐火车、飞机、长途汽车等搬迁式出行。

带猫坐火车

目前还未听说高铁有提供宠物友好车厢或运输车厢。这里的"坐火车"，还指绿皮火车，这种火车一般有运输车厢，如果你想用火车运猫，建议自己乘坐火车的同时为猫购买随行运输车厢的票，价格实惠，如果你和猫处于同一列火车，中途和乘务员说明情况还有可能去探视一次，下车可以接到猫还算比较放心。唯一的问题是绿皮火车的时间一般偏长，猫需要在航空箱里待几个小时或一天一夜，挺煎熬的。

坐火车前要办的手续如下：

- 打全疫苗并带上医生签名的疫苗本；

- 疫苗本复印 2 ～ 3 份备用；

- 猫咪照片（最好是大头照、证件照）；

- 开检疫证明，带以上所有证件去居住地管理辖区内的动物卫生监督所办理（通常含有效期，去之前最好先上网搜索官方电话，联系询问清楚）；

- 把猫放进航空箱关好门，提前 3 小时左右到火车站（各地提前时间不一定，提前电话咨询清楚最好），如果是短途几个小时可以不放粮和水，如果时间长最好在航空箱内固定放置配套水碗、食盆；

- 拿好车票，根据工作人员指引，进行称重、加固包装、缴费、托运等一系列流程，有些地方只收现金，最好也同步备好现金；

- 托运好猫之后可以自行去乘车，上列车后建议在乘务员不忙的时间段沟通看猫事宜（不一定会成功，看缘分）；

- 下火车后带好所有证件，根据工作人员的指引去接猫。

带猫坐飞机

越来越多的航空公司开放宠物运输舱位，但一般一架飞机只提供 3 个舱位。也有极少数航空公司在推进开放客舱随人位，在期待这样的好消息越来越多的同时，也希望铲屎官做好充足的准备，尽量减少不必要的口角。

飞机的优势就是时间短，劣势是如果选择宠物运输舱，没法去探视，另外特殊品种如加菲猫、或有心脏方面疾病的猫不适合乘坐飞机，即便普通的猫，其适应程度也不能一概而论。此外，运输价格在 300～800 元不等，不同航空公司收费不同。

坐飞机前要办的手续如下：

▶ 预订你自己的机票前，致电航空公司官方客服，询问是否有宠物运输舱，宠物运输舱是否还有空位，报上你家猫的基本情况；

▶ 确认有位之后快速定好你的机票，并致电航空公司预约宠物运输舱位（为啥要快速，因为舱位非常紧张，我们早年间甚至遇到过去了机场没位置的情况）；

▶ 预约好之后，会被告知要带的证件（和坐火车要求类似，通常是检疫证明、疫苗本、照片）；

▶ 打全疫苗并带上有医生签名的疫苗本；

▶ 疫苗本复印 2～3 份备用；

▶ 猫咪照片（最好是大头照、证件照）；

▶ 开检疫证明，带以上所有证件去居住地管理辖区内的动物卫生监督所办理（通常含有效期，去之前最好先在网上搜索官方电话，联系询问清楚）；

▶ 把猫放进航空箱关好门，提前 3 小时左右到机场值机处办理值机，告知工作人员有猫随行（各地提前时间不一定，提前电话咨询清楚最好），国内一般都是几个小时的飞行，不用准备水和粮，只要在航空箱底部铺好尿布即可；

▶ 办好值机后，根据工作人员指引，进行称重、加固包装、缴费、托运等一系列流程，目前我们遇到的机场都可以用支付宝、微信、银行卡付款，不排除有些地方只收现金，最好也同步备好现金；

▶ 托运好猫之后可以自行去等候上机；

▶ 下飞机后，带好所有证件，根据工作人员的指引去接猫。

🐾 带猫坐长途汽车

据我们所知，目前长途汽车似乎没有专门的有氧行李空间，把猫放车底部托运的一概不安全、不可行！有些铲屎官会悄悄把猫藏着同行，个人认为这个方法冒险成分太高，对猫也不好。综上，目前来说无特殊宠物有氧空间的长途汽车一概请勿尝试！

总的来说，虽然猫看似不需要出行，但时代在变化，我们的生活方式也千变万化，不管主动还是被动，猫的出行总是会变得越来越多元化。希望铲屎官们冷静了解情况，在充分准备后，选择最适合自己猫的方式出行。另外，不管是火车还是飞机，都有代运，也就是人不用随行，单独运送宠物。这种基本都不是正规运输机构，而是一些代理公司搞的，存在各种各样的突发性，甚至大多数都需要提前一晚将宠物放在代运机构。今年在跨国运输上，也有狗因为代运托运丧命，所以在此重申：外出不是小事，一切以猫为本，不要抱有一丝一毫的侥幸心理！

第 **7** 章

与猫同居
之 千猫千面

　　养猫之后的第一个领悟就是：千猫千面，每只猫都是独立不可复制的个体。不养猫的时候我们常会想当然地认为，动物都是有同样规律的，养了之后才发现，为啥我的猫和别人家的不一样？为啥别人家猫吃的粮我家猫不吃？为啥别人家猫吃猫粮健健康康，我家猫吃完就窜稀？为啥我家猫老生斑？十万个不理解其实用 4 个字就可以答复：千猫千面。

第1节

适口性之谜

有一个很搞笑的现象，咱们养狗的捡屎官基本不会担心买回家的粮狗子不吃（当然挑食狗也偶有存在），但养猫的家长是出了名的焦虑，大家只要去卖猫粮、猫冻干、猫罐头的电商详情页、销售文案里看看就知道，里面的每一页巴不得都写上：我家产品适口性强，买我家产品少焦虑。

夸张一点说，每一只猫喜欢吃的东西可能都不一样，我们应该学会尊重自家猫，它们是独立且特别的生命个体，有自己的喜好难道不是应该的吗？

如何掌握猫对食物的偏好

刚开始养猫时，想了解自家猫的口味喜好大概分为三个步骤：多尝试、记录总结、再次验证，唯一的副作用是这个过程会不同程度地消耗钱包！

多尝试——如果主食是猫粮，尝试周期会比较长。选中一款猫粮之后先买最小规格的量，比如1kg、2kg，最好不要买私人分装的，以防难分真假或有品质问题。

除了规格，在购买时可以有意识地选择不同肉源，如：家禽、家畜、鱼虾类、稀有肉源，其中家禽包括常见的鸡肉、火鸡、鹅、鸭、鸽子、鹌鹑等；家畜包括猪、兔、牛、羊、马等；鱼虾类包括鲱鱼、鳕鱼、三文鱼、金枪鱼（有较高的致瘾性，不建议作为主食长期食用）、鲔鱼、鳟鱼、虾和螃蟹（主要在主食罐中出现）；稀有肉源包括鳄鱼、袋鼠、骆驼、鸵鸟等。

记录总结——现在已经有很多铲屎官会给猫建立备忘录，专门列出猫爱吃什么和不爱吃什么的清单，好记性不如烂笔头，记下来就是省钱。养猫会让人变得特别容易冲动消费，看到便宜的粮、罐头、冻干都会忍不住买买买，买回家后却发现猫不吃，所以买东西之前先核对一下猫咪的口味备忘录，把钱用在刀刃上！

这里列举两种常见的记录模板，第一种是直接记录具体产品名，优点是看表就可以知道已经尝试过了哪款能买哪款不能买，缺点是买新款时要回顾旧的原料表，再和新款的进行对比。

猫咪产品喜好备忘录表

干粮、主食冻干				
类型	含肉情况	喜欢吃	不喜欢吃	勉强能吃
×××猫粮	鸡肉、三文鱼、火鸡肉	√		
×××冻干	鹿肉、牛肉		√	
罐头				
×××罐头	虾、螃蟹	√		
零食				
×××零食冻干	三文鱼	√		

第二种是以肉源为基准，记录猫咪的饮食喜好，优点是每次想买新款就直接比对配方的肉种，缺点是可能会忘记猫咪以前喜欢的产品。

猫咪饮食喜好备忘录表

名称	喜欢吃/状态	不喜欢吃/状态	勉强能吃/状态
鸡肉	√湿		√干
火鸡	√干	√湿	
鹌鹑	√干		√湿
牛肉	√湿	√干	
羊肉	√湿		√干
虾		√湿	√干
三文鱼	√干	√湿	

上面列举的都是常规记录模板，你也可以慢慢寻找适合自己的，只要能帮助记录就好。必须要说的是，猫没那么简单，比如同样是鸡胸肉，你给水煮的它不爱吃，结果鸡胸肉干它喜欢吃，这是正常情况！同样是羊肉冻干，单独吃不接受，有可能羊肉加羊奶的冻干就接受了！总之，没有捷径，多尝试、多记录、勤总结，省下冤枉钱给猫买更多高品质的食物。

再次验证——根据前两个步骤尝试和记录的内容，再次通过实践对这些内容进行确认，确保所有记录的经验对该猫咪都是正确有效的。好的继续实践操作，比如，确认是猫咪喜欢的猫粮可以购买大规格的量，这样就可以省钱了；不好的项目以后就不要再让猫咪尝试了，如已经确认是猫咪不喜欢的猫粮就不要再购买了。

🐾 猫也会吃腻或挑食

哪怕是现在，相信还有一大部分铲屎官长期给猫咪提供同品牌同口味的产品作为猫的主食，一吃吃个一年半载的，有的猫可能整个猫生只吃过一两款产品。

● 长期吃同一款主食，猫也会吃腻

如果你家猫长期吃同一款主食，一年两年看似没有问题，但某天你发现它突然就不吃了，或者进食意愿很低，或者开始在碗前闻闻然后做出埋屎的动作。那不要犹豫，大概率就是你家猫在给你发出信号，它吃腻了，不想再吃这款主食了！吃腻的情况还算好的，至少你可以看到猫明显的变化，及时发现问题换新的主食即可。

1. 猫为什么挑食

吃腻的表现就是挑食，有些铲屎官发现自家猫只吃某一款猫粮，别的都不吃，得出结论是我家猫就喜欢这款猫粮。然而，追溯一下会发现，他家猫可能吃了一两年这款猫粮从来没换过，导致猫很难接受别的粮。在这种情况下，如果发生特殊情况，你想换粮，猫却接受不了，不得已只能继续吃同一款粮，这种恶性循环才是最大的问题。

还有一种情况是粮里有金枪鱼或你经常给猫吃零食（比如猫条），金枪鱼对猫来说有成瘾性，导致别的都不爱吃了。零食的魅力对猫和我们来说都一样，但我们有自控力，猫却没有。零食要么是纯肉，要么是加了很多诱食剂的类型，吃多了结果都一样——让猫越来越挑食，主食吃得越来越少，最后导致体重下降、免疫力降低。

2. 为什么不能长期吃同一款粮

第一是会让猫吃腻或变得挑食，接受不了别的主食，这无疑增加了你的采购难度。谁能确保这款粮能永远在市场上销售，而且没有任何原料、配方的变化？

第二是宠物食品到底还是商品，商品在生产、运输、仓储过程中都有可能出问题，要正视且接受这个现实，防患于未然！长期吃同一款粮，如果这款粮某一批次出问题，你家猫就有可能成为那只吃了问题粮的猫，有一定的风险！

所以每3～6个月给猫换一次主食，可以同品牌换不同口味，也可以直接换品牌换口味，总之变着花样地为猫咪提供主粮吧！

第 2 节

没有一款猫粮会适合所有的猫

　　拿我们团队来说，做测评久了经常遇到一种情况，根据检测报告、配方评判了一款粮的营养价值，有些人看了测评文章选择买来尝试，但偶尔会有明明检测数据理想、配方也被认可的猫粮，猫吃了老吐，严重时还会引发肠胃炎，甚至在多猫家庭里，有的猫吐，有的猫吃着很好，这类情况常常发生。

　　碰到这种情况，大多数人会觉得是不是猫粮有问题？如果猫粮没问题，为啥之前吃其他猫粮没事，这款猫粮吃了就有问题？如果猫粮没问题，为啥我家好几只猫总有一两只吃了就肠胃不适？

　　这其实是很常见的情况，千猫千面，没有一款好粮可以适合所有的猫。吃一款猫粮吐，跟很多事情有关，如换粮后颗粒大小变化、进食速度过快、没有 7 天换粮过渡、猫不喜欢吃但又很饿（确实有猫会这么做，当着你的面吃、再吐给你看，来表达它不要吃这玩意儿）、粮的膨化程度、肠胃对这款粮配方中的某些原料不耐受等。

在我们想给猫换一款新的主食之前，需要有耐心地帮助猫去适应这款粮。当看似是猫的主食出问题时，我们需要做的是冷静分析，像做实验一样保证变量唯一，一个问题一个问题地排除，记录详细情况，确保在去医院的时候给医生提供足够多的信息。

如何帮助你家猫适应新主食

给猫换主食，不管是从猫粮换成冻干、换成罐头这类形态的改变，还是从一个干粮口味换成另一个干粮口味，其实都需要合理地帮助猫咪适应。因为猫咪的肠胃很弱，直接更换主食可能会造成猫咪呕吐、拉稀。

● 直接更换主食可能会
造成猫咪呕吐、拉稀

最直接的方法是 7 天换粮法，简而言之就是从第一天开始在原本的主食里逐渐增加新主食的比例。这个方法适用于干粮、冻干这类产品，实际操作不一定只能是 7 天。如果猫的肠胃比较弱，可以适当延长时间，粮的占比大致如右图所示。

罐头比较少用这种适应方法，因为一般用主食罐喂养的家庭很少给猫长期只吃单一口味的主食罐，所以主食罐喂养的猫是可以适应这种变化的。当然如果你发现用主食罐喂养你家猫，每次换罐头时，猫会肠胃不适，也可以在上一罐快吃完的时候混入新的罐头，看看情况会不会有所改善。

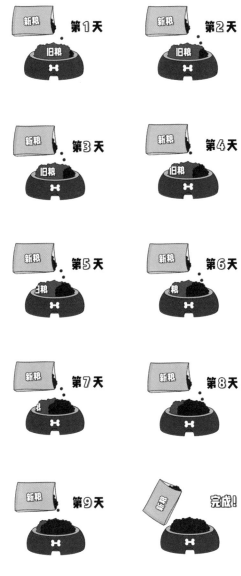

● 换粮法占比

135

🐱 初期换粮不适如何分析原因

比较现实的问题是，就算我们严格遵守了以上动作，猫还是可能出现疑似肠胃不适的情况，最典型的表现如呕吐、软便、便血。出现类似问题不要慌，先问自己下面几个问题。

1. 是否能找到问题食物的来源

找出猫不舒服前最后吃的三样食物。这三样食物有哪些是以前吃过的，哪些是第一次吃？

2. 食物是否安全

以前吃过的食物即常规食物，是否在保质期内？是否是正品渠道购买的？新食物中是否有猫不喜欢的原料？新食物配方和常规食物配方有哪些具体的差别（如颗粒大小、动物蛋白来源）？

3. 饮食状态是否正常

进食时间是否异常？进食速度是否正常？呕吐物或粑粑的形状是什么？

记录下这几个问题之后，可以观察猫6～48小时的情况，综合判断它的精神状态，进食喝水意愿，呕吐、软便、便血频次，如果精神状态和平时差别不大，也愿意继续进食喝水，不适症状发生频次不多，就可以尝试根据自己的答案简单分析。

假如你的答案中显示猫的进食速度似乎比平常快，吐出的猫粮是明显未消化过的、颗粒分明的，则大概率可以判定是因为进食速度过快导致的肠胃不适呕吐，可以主观介入猫咪的进食过程来调整速度，包括但不限于用慢食碗、漏食玩具、嗅闻垫、纯手动控制等。

其他问题也是如此，在不严重的情况下可以自己思考分析，但如果猫咪症状的发生频次较高，精神状态明显萎靡，建议带上你的答案及时送医！这些基本信息对于医生分析病情来说也都是有意义的。

猫的常见行为分析

相信愿意翻开本书的铲屎官都是对养猫这件事情有敬畏之心的，我们琢磨怎样给猫吃得更好，怎样避免或应对猫的病痛，当然也会好奇猫到底在想什么。考虑到毕竟我们听不懂猫叫背后的含义，想了解猫的感受，有效的方法就是观察猫的行为并分析，最后得出结论。

幸好关于猫的行为学还有蛮多值得学习的前人结论，我们总结了最普遍的知识点，如果你感兴趣，可以看完本书之后继续找更多这个方向的内容学习精进！如果各位是想在养猫之前了解不同猫的行为、性格，可以在本书第 1 章详细了解，值得一提的是，部分学者认为幼猫的友好程度（胆大程度）很有可能与父亲相关，所以除了了解品种的性格可能性，在养猫之前也建议大家多去了解幼猫父母的性格和社会化程度。

本节着重分析猫表现出的一些让大家苦恼甚至痛苦的行为，希望每个养猫人都能建立起一个观念：没有不能改变的猫，只有不够努力的主人！不要因为你不懂如何"管教"就随意弃养！

🐈 猫打扰你工作或打游戏

只要你在家用过电脑，应该多多少少都碰到过猫要么躺键盘，要么用爪子拍你的情况。如果你刚好不忙，偶尔发生还会觉得挺可爱的，但当这类行为变得频繁之后你会越来越难忍受。针对类似行为，其实有学术性的办法和专业名词，现在我尝试把这个方法深入浅出地梳理一下。

● 猫打扰你工作

分析行为背后的成因

猫打扰铲屎官工作，其实就是想获得关注。

分析如何让猫知道躺键盘或用爪子拍你得不到关注

先不管哪种更好，大家常用的有三种方法，一是当猫这样做时就把它抱离；二是每当它这样做就惩罚它，如喷水或用严肃语言、声音警告；三是只要猫出现这种行为，就抱着电脑挪开，完全无视它。

如果单纯靠潜意识或经验行动，我们大概率会选择第一种或第二种方法。第一种看似是把猫抱走了，但其实抱走这个动作也会让猫觉得受到了关注，达成所愿。第二种日积月累的结果就是可能会让猫讨厌你或攻击你，产生超出预期的反抗行为。综上，请选择第三种方法，既能让猫达不成得到关注的目的，也不会让它因为被惩罚而产生别的行为问题。

分析假如你在忙工作或玩电脑时，猫用什么样的行为向你寻求关注是你能接受的

当然，我们的最终目的不是消除猫寻求关注的行为，只是希望能和猫磨合出一个它既能寻求关注，你也能在给关注之余专注手头事情的方法。经过上一步，我们让猫明白了躺键盘或用爪子拍你是无效行为，接下来就需要让猫知道什么样的行为可以成功获得关注。

比较好用的就是坐下、保持安静，这两个行为对猫来说很日常，容易在各种情况下被捕捉到。在猫打扰你的这个场景中，猫多半处于动态，所以"坐下"这个行为比较适用。

具体的操作是：当你被打扰——你忽视猫——猫可

能在你身边踱步或站立——捕捉到它突然坐下的时刻——立刻给到关注，如抚摸、说话等一切它喜欢的行为——继续做你手头的事情——再次捕捉到坐下的时刻——给关注——如此往复，每一次间隔时间都可以更长一点，逐渐拉长猫的忍耐时间，磨合出你俩都能接受的频率。

● 训练猫咪坐下

在这一系列操作中，一定要系统性地把控每一次给关注的间隔时期，必须足够长，否则可能会出现猫几秒钟就要得到一次关注的行为，最终虽然猫不躺键盘也不用爪子拍你了，但只要几秒钟内你没有在它坐着的时候给到关注行为，它就会又开始躺键盘或用爪子拍你。要么功亏一篑，要么就是你一直在摸猫，本质上没有解决问题！

🐈 猫半夜"跑酷"，影响你睡觉

有很多新手铲屎官都会被猫半夜"跑酷"影响睡觉的问题烦透，如果你家卧室有门还好，可以关门物理隔绝。但住无门LOFT、大通铺房型的铲屎官也不在少数，所以几乎不可能只寄希望于物理隔绝。要解决这个问题其实不难，还是回到上面介绍的思考逻辑。

步骤1 分析行为背后的成因

　　半夜"跑酷"其实和猫的本能有关，猫本就属于晨昏性动物，晚上比白天活跃，白天大多数时候它们更愿意休息和睡觉。仔细想想，到了晚上，猫本来就更有意愿开始活动，但待在室内一整天没有主动消耗精力，你也没有带着它玩耍被动消耗精力，晚上可不就得"跑酷"消耗精力吗？

　●　猫是晨昏性动物，晚上比白天活跃

　　所以综合来说，无其他特殊环境因素的话，猫半夜"跑酷"多半和精力过剩有关。

步骤2 分析如何让猫合理消耗精力

　　首先，丰容是非常重要的。丰容是指在圈养条件下，为丰富野生动物的生活情趣，满足动物的生理心理需求，促进动物展示更多自然行为而采取的一系列措施的总称，给猫创造丰富的生活情绪，让生活除了吃喝拉撒还有符合本能需求的猎食、探索等活动。

其次，尝试定时定量给主食，掌控猫在睡前最后一餐的进食时间，尽量把时间提前到你睡前的 2 小时，这时候猫咪吃饱了开始想消耗精力，你就可以陪猫玩，也可以把最后一餐的进食搭配嗅闻垫，使它达到吃饱了也累了的状态。最终，你准备睡觉时它也要休息了，解决半夜"跑酷"问题。

分析适合你们家猫咪的精力消耗法

第二步其实把能做的方法列举了一些，最后需要各家根据具体情况进行选择。如果你也很爱逗猫，能日复一日坚持，几根逗猫棒加上你的聪明才智就能解决。如

果你时间不多，想尝试丰容玩具，如嗅闻垫、漏食玩具，让猫自给自足或不管你是否在家，猫都能自行消耗精力，那就买玩具吧！方法没有好坏优劣之分，适合就好。

● 每个家庭的猫咪都有不
  同的精力消耗法

猫在清晨总是想方设法叫醒你

养猫影响睡眠确实会让很多主人绝望，严格来讲这也并不是猫的错。养猫就要做好与猫磨合出新的生活方式的准备，猫会养成关于你的新生活习惯，你也会养成关于猫的新生活习惯。办法总比困难多，现在就带大家一起解锁早上 6 点被猫叫醒的关卡。没什么新鲜的，老套路三步走。

● 猫咪的"叫醒"服务

步骤1 分析行为背后的成因

简单来说，猫来找你就两个原因——饿了或无聊（寻求关注），外加一个特殊情况，身体实在不舒服、难以忍耐了向你求助，这也是有可能的。

结合每天早上来找你这个特定场景，需要进一步改变变量来确认到底属于哪种情况。在其他条件都不变的情况下，睡前在猫吃饱后放少量食物在进食区，看猫当天还会不会来叫醒你，如果没有，那就是饿了。反之，那就是无聊，寻求关注。

分析如何让猫不饿或不无聊

因为有两种可能性，这里分开讲。

猫饿了的解决方案有两种，先讲我们比较推荐的，帮助猫养成定时定量进食的习惯。比如你给猫制订的计划是每天早上 10 点、下午 5 点、晚上 10 点的三餐计划，养成习惯后，猫还在清晨因为饥饿来找你的概率就会大大降低。如果定时定量后，猫还是在早上 6 点左右会饿，可以在猫晚餐吃饱后、睡觉之前，在进食点放置一份小零食，最好装在嗅闻玩具内（同时解决无聊和饥饿问题）。

另外一种方案就是如果你无法接受定时定量喂猫，希望提供自由采食的条件，那么就要在睡前确保猫的碗里有充足的食物，即养成每天睡前加粮的习惯。

猫无聊、寻求关注的解决方案也有两种，一种是给零食，训练猫不要叫，延长它坐下等待的时间。将时间延长后，问题行为出现的频次也一起减少了。

另一种比较简单粗暴，睡前放足够多的玩具在各个地方，让猫无聊的时候有现成的玩具消磨时间。

步骤3

分析适合你们家的方案

解决因为饥饿叫醒你的方法相对简单，大家根据自己和猫的磨合情况都尝试尝试。解决因为无聊叫醒你难的不是方案本身，而是无论哪种方案，几乎都需要合适的工具，并且磨合需要时间，不能马上看到成效。

如果你用第一种给零食训练的方案，首先需要一个能用 App 或遥控器遥控的自动喂食器。

● 可遥控喂食器

设备到位后的训练顺序参考：当猫来试图叫醒你的时候——转移你的关注，避免给回应——等待猫安静或踱步到喂食器附近的时机（一开始如果等不到也可以直接先按喂食器相当于给提示）——按下喂食器，吸引猫到喂食器旁待着或坐下——再次按下喂食器——观察，等到猫不愿再安静的临界时刻——按下喂食器，如此循环并系统地延长猫安静的时刻。虽然看似麻烦，但实际动手操作其实就几个动作，唯一需要的就是全情投入，感受猫的情绪临界值。

现阶段如果你手头上没有这样的喂食器，也可以通过增加玩具来尝试，但玩具的诱惑力可大可小，没有猫主人的主动介入，其有效性在各个家庭可能会有完全不同的结果。

🐱 猫总是抓沙发

猫抓沙发应该算全球铲屎官共同的伤，不管是布沙发还是皮沙发都难逃一劫。如果你家猫从来不抓沙发，听我话，回去给猫咪开个罐头吧！

反向思考，如果你现在正考虑养猫，提前保护好沙发绝对是必要的。遇事不要慌，按三步法规规矩矩地分析一下。

● 被猫抓得满是线头的沙发是
铲屎官的通用勋章

步骤**1**　　　分析行为背后的成因

（1）**磨爪子**——磨爪确实是很多猫抓沙发最简单的原因。猫磨爪是其本能需求，如果你注意观察，相信曾看到过野猫抓树，在树皮上磨爪的行为，家里没有树

● 指甲长短与猫咪磨爪有直接关系

皮，沙发显然是唾手可得的"平替"。一般当猫开始频繁乱抓（也许不只沙发）时，留意看下猫的指甲长短，并回忆一下有多久没给猫剪指甲了，多半就能看出猫是不是因为指甲长而用沙发磨爪了。希望没有人会想着去爪，这是非常残忍且绝对不可取的行为！

（2）**搞锻炼**——众所周知，猫是习惯性动物，一旦开始抓沙发，可能会习惯性地把抓沙发当作一种日常锻炼。判断理由同样是观察指甲，如果指甲不长甚至刚剪完指甲，但抓沙发频率稳定且明显无其他影响因素，大概就是习惯性行为了。

（3）**标记/占地盘**——通过抓挠将肉垫中的腺体释放出来，标记在沙发上，向其他猫直接表明其存在，意思就是这块儿地是我的了，其他猫别处待着去！

判断这种情况一般要综合看多猫的相处细节，是否有两只猫都很喜欢沙发且至少有一只表现出不愿意分享的动作，比如一个刚来一个马上走，或者一个睡得好好的另一个上来就表现出攻击行为。如果符合上述情况，基本可以认定是在宣示主权。

（4）**减轻压力**——大多数猫是压力体质，周围的人或物经常会给猫带来压力，如搬家之后猫会连躲几天或应激尿闭，更有甚者也许会开启对铲屎官的无差别攻击。当然啦，猫也有自己的解压方式，抓沙发就属于其中一种。

如何判断你家猫是不是因为压力太大开始抓沙发？建议从猫抓沙发前的 5 分钟发生了什么开始追溯，在猫抓沙发的上一刻，你是不是在强迫它做不喜欢的事情？如长时间地抱猫（明明它已经开始不耐烦想挣脱了，或者它根本就不喜欢被抱，和时间长短没关系），或者两只猫发生了消极社交，如争夺食物、地盘之类的情况。猫会为了减轻压力去找个东西抓，这个倒霉被抓的对象很可能就是你家的沙发。

分析如何让猫不抓沙发

通过第一步的分析，我们的思路基本清楚了，猫会抓沙发无非是因为：磨爪、搞锻炼、标记 / 占地盘、减压。

（1）磨爪、搞锻炼——磨爪是自然而然的情况，在野外是树，在室内的话，聪明的铲屎官们能发现猫抓板是很好的替代品（其实不只猫抓板，还有猫爬架、剑麻垫等）。以猫抓板为例，我们只需要在合适的地点引入猫抓板，就可以极大限度地避免猫抓沙发。

当我们引入猫抓板时，还有一个很大的问题，就是我们需要知道应该把猫抓板放在什么地方，而不是把它往家里面随便一扔，以为猫会直接去抓猫抓板而再也不抓沙发了，这种情况是很少见的。当猫养成了用沙发来磨爪的习惯之后，需要有一系列的辅助措施帮助猫适应在猫抓板上磨爪，而不是在沙发上。

铲屎官
专家点拨

放置猫抓板的技巧和方法如下。

第一种方案，我们引入猫抓板，然后把猫抓板放置在沙发四周，或者把猫抓板放在它经常抓的部位上面，让猫在这个地方去磨爪。

第二种方案，如果你不愿意把猫抓板放在沙发上面，也可以用透明胶和猫抓板搭配的方案来循序渐进地引导猫习惯在猫抓板上磨爪。

第一步是把透明胶反面冲外，粘成一个圆环，然后贴在猫经常抓沙发的部位。猫想去抓的时候发现这里很粘爪子，它在这个地方磨爪的意愿就会大大降低。与此同时，你在透明胶粘住部位的旁边，或者就在离沙发最近的地面上放置一块猫抓板，这个时候它就极有可能选择去你放置的猫抓板上。

当它第一次出现选择猫抓板而不是沙发的情况时，需要持之以恒地继续保持这样的搭配，经过一段时间，猫就会习惯到猫抓板上磨爪。

● 用透明胶使猫咪放弃挠沙发

（2）**标记／占地盘**——如果你认为猫是因为标记／占地盘而开始抓沙发的话，首先要考虑的问题是家里能让猫觉得舒服的地方有限，以至于它们认为只有沙发是让它们舒服的地方，自然而然几只猫就会形成竞争关系。这个时候我们需要做的事情是引入另一些适合猫休息，且会让它们喜欢的地方。

当喜欢的地盘变多了之后，猫就会减少标记／占地盘之类的消极社交行为。如果你的猫喜欢猫抓板的话，那这个引入地盘就可以是猫抓板，它不一定喜欢抓猫抓板，但是它可能会喜欢这种纸皮的材质，喜欢躺在上面。

还有第二种情况，可以买和你家沙发同类材质的坐垫或猫窝，如果家里是棉麻材质的沙发，我们就可以选择棉麻材质的猫窝。另外，愿意花时间琢磨的人也可以尝试去买一些棉麻材质的人用坐垫，你会发现猫可能更喜欢我们人用的棉麻坐垫。

● 每只猫喜欢接触的材质不同

每只猫的喜好不同，有的猫喜欢棉麻材质的坐垫，有的猫喜欢纸箱，有的猫喜欢棉布，或者毛毯，你需要多多地引入新的物件，然后观察和总结哪些是猫喜欢的。

休息地的数量尽量是猫数量的 2 倍（一只猫起码准备 2 个休息地，2 只猫就是 4 个休息地），即可减少它们因为要占地盘而产生的抓沙发行为。

（3）减压——当猫是因为压力太大想要减压而开始抓沙发，我们需要做的就不只是引入猫抓板了，因为猫压力大并不是抓猫抓板能解决的了。我们需要正视的问题是如何避免让猫感到有压力的事情！

压力问题可大可小，有的猫可能感受到压力的时候就去抓一下沙发，用这样的行动向你展示它压力很大，需要减压，而长此以往积累压力的话，可能某一天它就不能承担，开始出现一些病理上的症状。这是我们不希望看到的。如果猫是因为压力太大而去抓沙发，我们需要做的第一件事情是判断哪些行为会让猫感到有压力。

考虑下面这些很常见也很容易被忽略的让猫感觉有压力的事。

● 是否强迫猫做了它不愿意做的事情，如长时间抱着它；

● 它根本不愿意你抱着但是你还是强硬地抱着它；

● 它明明喜欢的是另外一种抱的姿势，但你因为自己方便采用了它不喜欢的姿势；

● 它不喜欢你摸它的肚子或屁股，但是你可能不注意或觉得好玩，摸一下猫的屁股，摸一下猫的肚子。

这种行为要逐渐减少，才是长久对猫好、保护猫福利的事情。

还有可能猫的压力不来自你，而来自其他猫，那么就要思考在这种情况下它为什么会有消极社交的情况。多猫家庭大都会有引入新成员时原住民不适应的情况，那有没有可能是你带第二只猫进来的时候，没有给它们俩足够的空间并让它们以正确的方式相互适应。

列举出所有可能让它有压力的行为，这个行为通常是非常近的，基本上就发生在它去抓沙发的前5分钟。你可以立刻回顾这段时间发生了什么，自己做了什么动作，然后记录下来，再在合理的程度上去验证这个动作。如果猫还会去抓沙发，基本上就可以确定那些动作对猫来说是有压力的。把动作清单铭记于心，之后避免做这种让它有压力的事情，就可以很好地解决猫为了减压而抓沙发的情况。

分析适合你们家的方案

通过第一步和第二步的详细分析，其实我们已经知道在不同情况下可以选择的方案。作为主人，大家需要注意的就是第一步，搞清楚猫的行为成因，然后再研究第二步对应的解决方案。需要注意的是，没有一个方案是百分百适合自家情况的，要有灵活变通的能力。

以第一个问题为例，如果猫是因为磨爪去抓沙发，方案是引入猫抓板，但是并不是所有的猫都喜欢猫抓板，有的猫可能喜欢废纸箱，或者喜欢猫爬架，喜欢剑麻绳、剑麻垫，那么不要犹豫，选择它们喜欢的一定对！

● 很多猫喜欢抓废纸箱

我们只是根据这样的逻辑和方向尝试，不一定要局限于本书所讨论的产品，还可以挖掘更多方案。作为一个开阔的选项，很多猫也会选不常见的鸡窝垫（如果猫喜欢啃很可能引起呕吐），所以生活中别的产品应用到猫身上可能会有出其不意的效果，但这也因猫而异。在逻辑不变的情况下尝试一切可能的选项，总能找到适合猫的物品。

猫抓沙发的问题需要耐心尝试及长时间的共同坚持，才有可能得到改善。

猫从你手中抢食并且经常误伤你

在我们的常识里，狗有护食或抢食的行为，但我们很少觉得猫会出现这样的行为，其实这是一种谬论。当我们接触的猫越来越多，经历足够多的案例之后，发现会抢食的猫不在少数，只是它们的动作看上去没有狗那么生猛或激烈，而是看上去很像不小心为之，主人对这样的行为没有防范。

因为知道狗会护食抢食，所以人们不太会拿食物跟狗开玩笑，但我们在观念上轻视猫的护食行为，经常拿着食物逗猫，很可能不小心被猫咬到。猫在很急的情况下，也可能跳起来想用爪子抓住食物，同时也抓伤了你的手。

这是养猫新手常见的问题，被猫误伤其实对新手的影响很大，这会让新手觉得猫和想象中不太一样。如果猫这么生猛，那我为什么不养一

● 轻视猫的护食行为，很容易被猫弄伤

只狗？于是这成为新手打退堂鼓的一大理由，考虑弃养。

所以我们觉得很有必要在这里强调：猫逼急了真的会从你手中抢食！猫护食的日常行为来源于你单纯想挑战猫的极限的行为，解决方案就是不要挑战猫的极限。如果猫抢食护食的行为已经变得极端异常，想通过训练来缓解，需要用正确的方法。

步骤1 **分析行为背后的成因**

猫从你手中抢食物存在两种情况，下面分别介绍。

（1）偶发情况

偶发情况是指你拿出了一个对猫来说非常有吸引力的食物或零食，它可能会因为强烈想要吃到这个食物而太过激动，对你产生偶发攻击，或者你对猫的挑逗边界掌握不够。

既然是偶发情况，就请大家避免过度行为，或者喂食猫咪狂爱的食物时，请将食物放在猫碗里，而不是用手拿着喂。

● 不要用手喂它非常喜爱的食物

食物攻击性是比较严重、需要重点关注的问题。在专业层面，针对猫的食物攻击性已有很多深入研究，这种攻击行为的专业名词是：心因性异常进食行为。

无差别的食物攻击，即不管是它的食物还是你桌上的食物，它总是高频率、多次、长时间地产生因为食物而攻击你。初步认为猫有食物攻击性后，我们需要进一步了解食物攻击性的症状有哪些。大致总结如下。

1）在它进食期间，不允许你或其他猫靠近它和食物。

2）在它进食时如果你拿走它的碗，它会对你有攻击或警告行为，如炸毛、吼叫、用爪子拍打你。

3）在多猫家庭，它会主动攻击其他正在进食的猫。

4）经常多次撕开食品包装袋来获得食物，不管是人类食品还是猫的食品。

5）当你在厨房时，它会在你身边走来走去，或者发出叫声提醒你它想进食，并且这种行为不会随着时间的流逝而消失，只要你站在这里就会发生。除非得到食物，否则不会停止。

6）存在进食速度过快的情况，吃得太快一般会造成猫呕吐。所以如果你没有经常关注猫吃饭的速度和时间，可以通过关注猫是否经常在进食后短时间内出现呕吐的情况来判断。

● 解决猫护食的行为需要
　使用正确的方法

如果吐出来的猫粮或食品是明显未经消化的颗粒形状，多半就是因为吃太快，胃还来不及消化，食物对胃产生了刺激，从而导致呕吐。

7）还有一些比较常见的食物攻击性跟主人平时的行为引导有很大关系。如果你偶尔会在餐桌上给猫吃一些东西，它可能会产生联想，认为你的东西也是它的，然后经常性地在餐桌上对你乞讨要求，或者主动拿取人类食物，逐步养成习惯。

8）对食物有过度需求，正常量喂食难以满足（按一只5kg成猫一天进食70g左右衡量），这也是猫存在食物攻击性的一个显著症状。

分析如何让猫不抢食护食

根据第一步分析的多种可能性，现在来综合聊聊解决方案。

（1）引入嗅闻玩具

解决猫的食物攻击性问题必不可少的一个工具就是嗅闻玩具，它的种类非常多。嗅闻玩具主要的作用是让猫通过进食满足狩猎本能。不要小看"满足狩猎本能"这6个字，猫的很多心理、行为问题都与这6个字相关，比如我们讲的食物攻击性就是心理问题造成的行为异常，所以关注猫的心理健康是非常重要且有效的。

猫的情绪系统是激励—情绪系统，其中又分为：需求系统、挫折系统、恐惧—焦虑系统、疼痛系统、恐慌—悲伤系统、护理系统、性欲系统、游戏系统。

每个激励—情绪系统的作用及其相关的行为问题举例和每个系统主要相关的神经调质表

激励—情绪系统	系统的作用	可能相关的行为问题举例	神经调质
需求系统	寻找资源	在夜间发出喵叫声（寻求关注）	多巴胺、谷氨酸盐、阿片类、神经降压素
挫折系统	获得资源和防守资源	被爱抚时的攻击行为	多巴胺、谷氨酸盐、P物质、乙酰胆碱抑制：神经肽Y
恐惧—焦虑系统	避免威胁和伤害	由于过去的负面经历（社交或疼痛）在猫砂盆外排泄	谷氨酸盐、地西泮结合抑制因子、促肾上腺皮质素释放激素、胆囊收缩素、a-黑素细胞刺激素
疼痛系统	避免组织损伤	猫的行为快速改变，常表现为攻击行为增加或活动减少	谷氨酸盐、神经激肽A和神经激肽B、P物质抑制：GABA、阿片类
恐慌—悲伤系统	社交依恋	与分离相关的问题	促肾上腺激素释放激素、谷氨酸盐抑制：阿片类、催产素、催乳素
护理系统	养育行为	养育行为不佳（如母猫不愿接受它的幼崽）	催产素、催乳素、多巴胺、阿片类
性欲系统	性搭档	尿液标记（当涉及完整动物时）	类固醇、加压素、催产素、促黄体激素释放激系、胆收缩素
游戏系统	练习运动和认知技能及学习适当的社交行为的机会	与其他猫的互动不适当	谷氨酸盐、阿片类、乙酰胆碱

如上面的表格所示，大家可以大概了解：某种行为的出现，代表对应激励—情绪系统处理的结果。

解决猫狗的心理问题说难也难，说简单也简单。粗暴点讲：第一个要做的就是给猫狗丰容——创造丰富的生活情趣，引导猫狗在家养环境中也能完成8大系统的正常工作，这样可以大大减少宠物出现心理行为问题的概率。

● 给猫创造丰富的生活情趣，可以减少猫出现心理行为问题的概率

嗅闻对猫来说非常重要。嗅闻对应猫的需求系统，需求系统刺激猫去了解环境、捕猎食物，而这些都需要猫的嗅闻能力配合完成。我们应该努力给猫增加嗅闻、视觉、听觉的刺激。

关于居家环境的猫应该如何丰富嗅闻体验这个话题，我们目前最可靠也比较容易实操的就是多为猫引入嗅闻玩具。根据嗅闻玩具不同的形状和材质，可以搭配干粮（猫粮）、冻干、肉干，大部分嗅闻玩具会更兼容这一类干的猫食物，所以我们可以根据自己家的实际情况去选择。

但不得不说，当猫初次尝试嗅闻玩具时，可能零食的适口性会比主食更好，毕竟主食天天吃，而较少吃到的零食对猫来说更加难以抗拒，特别是当我们准备的零食产品是纯肉的，对猫的吸引力就会倍增，也会帮助它更有耐心地寻回自己的天性——通过嗅闻来寻找食物。

市面上有很多嗅闻玩具，建议大家多尝试，多备几个换着玩。因为千猫千面，嗅闻产品也是各猫各有所爱，这里就不赘述！

（2）为猫提供独立的进食空间

因为猫存在食物攻击性，所以它在进食时一个非常显著的表现是不希望有人或者其他猫在附近，否则可能会导致它展现出攻击性，不慎误伤主人或其他猫，也可能导致它压力增大，进而"暴风"进食，伤害自己的肠胃。因此我们需要做的就是为猫提供独立的进食空间，不管是单猫家庭还是多猫家庭。

这个空间最好是某个卧室或书房，当猫在里面吃饭时，把门关上让猫可以独立进食，等猫进食完之后再把门打开，物理空间隔离是最能创造安全感的方式。如果没有这样的条件，那

● 猫进食的时候不希望有人或者其他猫在附近

就尽量把进食区设置得远离生活区，越隐蔽越好。

如果它喜欢高处，也可以考虑把进食区设置在它经常愿意待的高处，方便它能够在观察周围环境的同时安心吃饭。

（3）分顿喂食

目前大多数中国主人在喂食方面认为猫是不需要分顿喂食的，给猫提供一个自由采食的环境就好。要分析这个问题，让我们先回到猫在野外进食的场景，有时候一只猫一天可能会吃 20 顿左右的小餐来满足自己一天所需的营养摄入。分顿喂食对于治疗食物攻击性的好处就是避免猫因为一天只能吃到一两顿而产生的心理焦虑，总的来说是为了更符合它的天性。

当然如果只是想要解决猫因为饥饿或食物资源分配不均产生的食物攻击性，自由采食看似是一个好的方案，但是我们的建议是定时定量喂食，尽量给猫一天提

● 分顿喂食可以避免猫因为一天只能吃一两顿而感到焦虑

供 5 ～ 8 顿餐食更好，分顿喂食更适合改善猫的食物攻击性，唯一问题是需要主人付出更多时间。如果精力不足可以提供自由采食环境，避免让猫因为长时间饥饿造成胆结石。

在时间允许的情况下，我们可以模拟早中晚给猫提供三餐，然后在上午 11 点、下午 3 点、晚上 8 点、晚上 10 点或者睡前 30 分钟左右都可以给它弥补一个小餐。

这么算下来的话，一天大概是 6 ～ 7 餐，或者如果条件允许，可以为猫准备 7 ～ 8 餐来完成一天的营养摄入。

如书中所说，一天 8 餐都是合理的，再搭配上面所讲的，将其中的某一顿进食和嗅闻玩具搭配起来，可以更好地减轻猫食物攻击性的程度。

（4）不做敏感行为

不要做一些会养成猫坏习惯的行为，例如千万不要在你吃饭的同时尝试用你的食物去逗猫，更不要真的给猫吃你的食物，也不要用手喂一个你不知道对它的吸引力如何的新食物，如果你拿出的食物是它为之疯狂的，它必然会因为对食物的疯狂而不小心伤害到你，这也是典型的敏感行为。

严肃点说就是请主人们不要"作"，明知道有些行为较为敏感、可能会让猫养成坏习惯，就应避免做这些行为。毕竟猫是习惯性动物，当它偶然认为某个行为是可行的，就容易多次尝试，最终形成习惯。而等出大问题的时候，再想改变它的坏习惯会非常痛苦。

● 主人偶然的行为可能会让猫养成习惯

步骤3

分析适合你们家的方案

上面的方案其实已经比较详细了，选择适合自己的方案时主要考虑两点，一是方案与方案之间是能够互相配合的，搭配在一起使用能事半功倍。另外就是要根据第一步我们所分析的猫的食物攻击性的具体原因，去看对应的方案里面哪一些或者哪一个能明确地解决问题，然后就针对性地去选择方案执行。过程中多总结复盘，也要及时地去调整方案。

如果除了提到的方案外有别的解决方案，只要对你家猫是有效的，并且能保证猫生活福利的，那就是可行的。

正因为千猫千面，每一只猫都有不同的喜好、想法和性格，所以本节我们主要学习如何去了解猫行为背后的原因、心理，以及解决问题的思考方式。

在充分了解之后，下面我们会详细分析在日常生活中如何照顾猫，保障猫的生活品质。哪怕你是养猫新手，也可以通过下一章的内容入门。

第 8 章

做好猫咪的日常照护

　　日常照护是伴随我们整个养猫生涯的行为，把猫带回家，让它成为家庭成员，这是一个双向适应的过程。

　　猫脱离了过去的野外环境，失去了树干这种"天然猫抓板"，而加入的家庭环境对它有了"洁净度"方面的要求，这些改变就需要我们铲屎官付出努力，以实现人与猫和平相处。

指甲是个大问题

● 猫可以通过磨爪来放松肌肉

没有养猫经验的新手主人多多少少会有点担心猫的指甲问题，担心家具是否会惨遭"黑手"，但是你养一段时间后可能就会发现，是自己多虑了。

磨爪是猫的天性，通过磨爪，它们不仅可以把爪子磨利，还可以舒展和放松肌肉，甚至能留下气味宣告领土主权。我们不需要过于担心它们的爪子问题，只需合理安排好各种磨爪玩具，按需修剪指甲，就能在尊重猫的天性和让它们适应家庭生活上寻得平衡。

断甲手术？ NO！

随着科学养猫知识的普及，这些年断甲手术已经越来越少了，甚至很多宠物医院开始拒绝对猫做这种手术。但不可避免的，还是有一小部分人因为不了解断甲真正的含义而做出错误的选择。

要知道，断甲手术并不是字面意思上的把指甲剪短而已，打一个不那么严谨的比方，给猫做断甲手术，等于切掉人的第一个指关节，这是一种非常残忍且后患无穷的手术（当然，和因病不得不截肢是两回事）。

这种残忍的手术已经逐渐被科学养猫的观念淘汰，但是我们必须知道，另一种把控制爪子的肌腱截断的代替方案也一样不可取。这种手术虽然能保留猫爪，但是也彻底破坏了猫爪原有的功能，在日常的活动中，猫因为无法控制爪子非常容易摔伤或者扭伤。

当有人自诩"过来人"，建议你给猫做断甲手术或者截断肌腱手术的时候，请毫不犹豫地跟他们说"NO"！

如何剪指甲

步骤1

握住猫的指甲

在开始剪指甲之前，我们需要先让它们的指甲伸出

来，把我们的拇指放在猫指甲盖后缘，用其他手指握住猫掌作为支撑，大拇指轻轻地按压，然后就能看到小猫的指甲伸出来了。

● 猫的指甲

确定修剪长度

关于猫指甲的"长短"，新手主人很容易走入一个误区，以为它们的指甲和人类指甲一样。对于日常护理到位的猫来说，指甲只需要修剪最末端的已经死去的角质层，也就是尖尖部分，如果剪得太深，就会剪到猫的静脉血管，也就是常说的"血线"，这个时候猫可能会疼得炸毛，从此对剪指甲产生巨大阴影，甚至造成外伤感染。

那怎么来判断血线的位置呢？对于浅色指甲的小猫来说，就比较简单，在光线充足的情况下，直接就能看到透明指甲内嫩粉色的部分，现在市面上也有不少带着灯的宠物指甲钳，可以帮助你更清晰地分辨血线位置。如果是深色指甲的小猫，基本是看不到血线的，只能更加小心地修剪尖端位置，每次只修剪一点点，不要一下子剪太多。

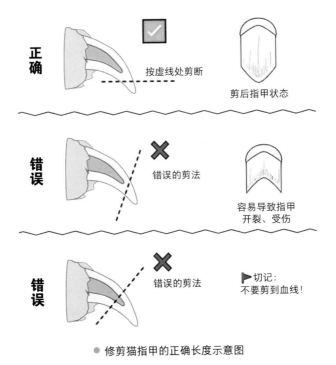

正确

按虚线处剪断

剪后指甲状态

错误

错误的剪法

容易导致指甲
开裂、受伤

错误

错误的剪法

切记：
不要剪到血线！

● 修剪猫指甲的正确长度示意图

让猫乖乖配合剪指甲的小秘密

1. 选择合适顺手的工具

随着养猫市场的扩大，市面上出现了越来越多的宠物指甲钳，这些指甲钳不再拘泥于单一的设计，有剪刀式的、有握压式的，还有前面提到的带灯和带废甲收集盒的。各款指甲钳使用方式略有不同，没有好坏之分，根据需求选择自己顺手的就可以了。

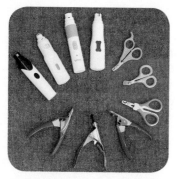

● 市面上各种不同的宠物指甲钳

一般情况下，不建议直接用人类的指甲钳给猫剪指甲，因为猫爪和人类指甲的形状、厚度都不一样，用人类指甲钳不仅不好控制，还容易把指甲剪劈叉。当然，在特殊情况下，如果你和你的猫都非常适应人类指甲钳，那也没什么问题。

2. 让猫适应指甲钳的存在

被剪指甲，并不属于猫天生能适应的情况，因此一上来就拿着指甲钳抓着猫强制剪的话，可能它下次一看到指甲钳就害怕得想离家出走了。

我们可以不着急剪，先让猫习惯爪子被触碰的感觉，一开始用手触碰，同时给点好吃的进行奖励。

当它已经不抗拒被触碰爪子的时候，再让它习惯我们前面提到的"伸爪子"动作，等完全适应后，换用指甲钳轻轻触碰猫爪。

这个过程可能有一些烦琐，但是耐心地让它们愉快地接受剪指甲，不仅方便了我们，也是在提高它们的动物福利。毕竟剪指甲这个照护动作贯穿家猫的一生，类似的适应性练习是非常值得做的。

● 先循序渐进地让猫适应被触摸爪子

3. 控制好猫爪修剪频率

有的主人对剪猫爪可能会有一种"每次多剪点，就不用剪那么频繁"的心态，但这是不可取的。尤其在猫刚开始适应剪指甲的时候，需要增加修剪频率。如果你家猫配合度不高，我们完全没有必要强求一次把所有指甲剪完，甚至可以一天只剪一个。

等猫适应剪指甲之后就没有什么固定频率了，毕竟每只猫的指甲生长速度都不同，和平时的玩耍习惯也有关系，主人定期检查猫指甲生长情况，根据需求修剪就行。

● 定期检查猫指甲情况

猫究竟需不需要洗澡

这个问题同样困扰着很多人，大家都说猫自洁能力很强，但是出于各种原因，免不了会萌发给猫洗澡的念头，但是一想象洗澡的画面，又心生恐惧。本节我们就来好好说说猫到底需不需要洗澡，以及怎么洗澡。

猫洗不洗澡，好纠结

在顺利的情况下，有的猫可能真的一辈子都不需要洗澡。条件允许的话，是能不洗澡就不洗澡，日常的毛发梳理以及它们的自洁就能代替洗澡。

那什么情况需要洗澡呢，我们梳理了以下几种情况。

1. 某些特定品种

某些品种的猫因为毛发长度或者油脂分泌等原因，仅靠自洁无法达到你对它们洁净度的要求，考虑到你的养猫体验，可以适当地给它们洗澡。

比如斯芬克斯（无毛猫）的油脂分泌就非常旺盛，但它们和别的猫一样，也会舔自己做清洁，所以在你尚能接受的时候，就不必洗澡，可以用湿润的毛巾擦拭，尽量降低洗澡频率。

像布偶猫这种长毛猫也同样有自洁能力，并不需要频繁洗澡，只是沾上严重脏污的时候，比如滚了泥巴、墨水、酱汁等情况，需要通过洗澡解决（如果因为生病拉稀弄脏毛发，要等到身体恢复之后再考虑洗澡）。

● 斯芬克斯（无毛猫）油脂分泌旺盛

● 长毛猫容易粘上脏污

2. 患有皮肤病，需遵医嘱药浴

药浴是皮肤病的一种治疗手段，如果你家猫不幸患上了皮肤病，这个时候就不要纠结猫需不需要洗澡这种问题了，乖乖听医生的吧！

3.什么情况下需要打消给猫洗澡的念头

（1）你主观认为它脏、掉毛太多、想试试猫的反应

除了滚泥巴、墨水、酱汁这些极端情况，相信我，它们真的不脏，甚至你应该考虑是不是环境脏，从环境上解决问题，而不是治标不治本地为难猫。

勤吸尘、勤拖地，在干净的家庭环境下生活的猫大多数情况真的脏不到哪里去。洗澡也并不能减少掉毛的情况，反而会破坏皮肤屏障，让它们的毛发和皮肤变得更糟糕。

也许你在网络上看到过很多给猫洗澡的娱乐视频，甚至有一些主人也好奇自己家猫洗澡的反应，想试一试。你要知道，不管视频里的它们是惊恐得上蹿下跳，还是呆滞得一动不动，它们都处于极度紧张的状态，这种贸然洗澡的行为不仅仅会影响你们的亲密关系，甚至会让它们应激生病，这绝对不是我们想要的结果。

（2）免疫力不完全的猫

刚带回家的小奶猫或刚更换环境、刚生产完、生病状态、刚注射完疫苗的猫，它们都有一个统一的特点：免疫力不完全，不适合马上洗澡。

● 刚带回家的小奶猫不适合洗澡

很多小奶猫刚到家时确实比较脏，所以很多新手主人都会想给它们洗洗澡，但这个时候它们尚未适应环境，也不一定完成了疫苗注射，贸然洗澡不仅会让它们受凉产生呼吸道感染等问题，还可能会让它们处于应激状态，影响本身就脆

弱的免疫力。这时洗澡是不明智的，如果小奶猫实在脏，可以暂时先用温热的湿毛巾擦拭。

猫咪洗澡小贴士

如果不得不给猫咪洗澡，那么我们一定要尽量把刺激减到最小，避免它们出现应激情况。

1. 前期准备

我们在开始给猫咪洗澡前需要把物品都准备好，并放到顺手的地方，避免洗澡时手忙脚乱，无暇安抚猫咪。

洗护产品——因为猫咪和人的皮肤情况不同，洗护产品还是需要选择宠物专用的，可以根据毛发的需求选择对应的正规洗护产品。

防滑垫——这对于增加猫的安全感非常重要，沾了水打滑的瓷砖地面、浴缸、水盆，会让猫咪无法站稳从而更加恐慌，一块防滑垫就能解决这个

● 宠物专用洗护产品

● 防滑垫

● 吸水毛巾

● 水压合适的花洒、喷头

● 吹风机、烘干机

问题。

　　吸水毛巾——尽量多准备几条，在猫咪洗澡后尽量使用多条毛巾轮流吸掉水分，对于短毛猫，减少甚至不用吹风机、烘干机，减轻因为吹风给猫带来的不必要刺激。

　　棉球——在洗澡前轻轻塞在猫的外耳内，防止进水，也可以用它擦掉猫外耳沾上的水。

　　水压合适的花洒、喷头——在洗澡前，我们得先试试花洒的水压，把水压调节到中等程度，压力过大的水流可能会让猫产生恐惧。如果花洒出水面积比较大，我们可以选择平价的婴儿花洒或直接把花洒拧下，用软水管淋浴。

　　合适的水温及室温——合适的水温可以增加猫的舒适度，温度控制在手摸着温热就刚刚好。很多家长担心猫咪受凉，使用过高的水温，这不但会增加刺激，也可能会伤害它们的皮肤和毛发。

　　吹风机、烘干机——吹风机和烘干机不是必需品，在温暖的房间里（夏天关闭空调，冬天打开暖气），用毛巾多擦几遍，让毛发自然干燥更好。

如果是毛发特别厚重的长毛猫，自然风干比较困难，可能就需要使用吹风机、烘干机了，在吹干的时候控制好风力和温度，注意梳理毛发，避免打结。

2. 洗澡过程

在给猫洗澡的前几天，你可以先检查、修剪它们的指甲，避免在洗澡的时候被猫抓挠受伤，再用合适的梳子把它们全身毛发梳一遍，检查有没有打结的毛发，提前梳开，不然一遇上水，可能就再也梳不开只能剪掉了。

以上这两个操作尽量提前几天分开完成，不要赶着洗澡时连着来，三种令猫不爽的行为叠加，对猫而言就是三倍的压力，洗澡的配合度也不会太高。

● 等猫咪适应水后再用花洒或水管冲淋

179

刚开始给猫洗的时候，可以先用杯子盛着水，慢慢地淋透毛发，等它们适应后，再用花洒或水管冲淋，尽量避免泡澡，大部分猫可没有网上视频里那样喜欢泡澡。

给猫洗完澡后记得把它们耳朵里的棉球拿掉，用提前准备好的毛巾裹住它们，轻轻地拍打擦拭，尽量不要用力揉搓，然后换第二条毛巾重复操作。

铲屎官
温馨提示

　　注意在淋水时避开猫的头部，把它们身上的沐浴露彻底冲洗干净，残留的沐浴露很可能引起后续皮肤问题。

3. 让猫爱上洗澡的小秘密——脱敏

如果有时间精力，非常推荐给猫做脱敏。做脱敏的目的，是为了让它们洗澡时更配合，我们洗起来轻松，但更重要的是让它们不要对洗澡产生恐惧和厌恶，进而影响到人与猫的和谐关系。

在家给猫把脱敏做好，不管是去宠物店还是自己洗，它们都可以轻松愉快地接受，不用受刺激，累积压力。也正因为大部分猫不会频繁地洗澡，所以应激的可能也更大，咱也不能怪它们性格脾气不好。

谁都不敢保证自己家的猫可以一辈子不洗澡，可能是特殊品种需要特别护理，可能是皮肤病需要药浴护理，也可能是玩耍导致身上沾上脏东西。

其实不管是做什么脱敏，整个逻辑都万变不离其宗：确定临界点→拆分刺激因素→控制变量逐步脱敏——综合脱敏。

● 猫咪很容易因为玩耍粘上
  脏东西，而需要洗澡

（1）确定临界点

首先需要判断临界点，上一步猫还可以淡定地在场景内进食或接受抚摸，继续下一步时它们马上感到不适而有离开的趋势，那么可以确定这一步就是临界点。

（2）拆分刺激因素

这些刺激因素可能是水本身的触感，也可能是水流的声音，甚至可能是花洒／水管。在家庭中自己操作的脱敏，需要放慢进度，随时根据猫的情况调整。

（3）控制变量逐步脱敏——综合脱敏

确定临界点后，我们就可以开始把它们原本不喜欢的事物和奖励建立起关联关系，一边提供它们喜欢的温柔的抚摸或者美味的食物，一边让它们适应临界点，如把水流声放大、让水流靠近、

● 给猫咪洗澡

接触水流的时候可以先从相对没那么敏感的足部开始，慢慢扩大面积，避开头部面部。

除了洗澡能脱敏，后续的吹风一样也可以脱敏。

吹风脱敏的注意事项与方法如下。

（1）确定临界点

根据猫上一步还可以淡定地在场景内进食、接受抚摸，继续下一步时，它们马上感到不适而有离开的趋势，确定临界点。

（2）拆分刺激因素

和洗澡一样，咱得搞清楚，它们怕的是哪个部分：声音、风力、吹风机本身，还是全部都怕？

（3）控制变量逐步脱敏——综合脱敏

● 尝试吹风机脱敏

我们可以让刺激由小到大挨个尝试，先保持吹风机关机的状态，在它们吃饭或接受抚摸的时候，从远处缓慢地靠近，可能以前被吹风机吓过的猫只能接受一米的距离，但有的猫把吹风机放它脚边它都可以淡定吃饭。

● 尝试吹风机声音脱敏

如果上一步可以进行到不开机放脚边，那么我们接下来可以尝试远距离开机。在保持最小风力的前提下，从远处缓慢靠近，注意这一步是测试声音大小，必须剔除风力因素，因此风口要对着自己，不要对着猫咪。

如果它们能淡定地接受最小风力的声音，那么我们可以尝试调大风力，重复上一步，保持距离由远到近，风口对着我们自己。

● 尝试吹风机风力脱敏

排除完吹风机本身以及声音的刺激，接下来考虑的就是风力因素，但也别一上来就对着猫咪的头直吹，像下图这样稍微侧着角度，让风落在猫咪周围，接着我们同样地保持变量，在固定风力和角度的前提下改变距离，然后缓慢地调整风力角度重复操作。

● 吹风机先侧着角度吹猫的身体

记得测试的时候，应该在一个开放的空间里，让猫可以在感到不舒服的时候随时离开。

强调一点，在脱敏的过程中，急于求成是最不可取的，当猫逃跑的时候，就让它逃，不要继续也不要拦着它，否则我们就是在加重它的不良记忆，适得其反。

4.了解一下干洗

如果你家的猫没那么脏而且又实在过于敏感，我们也不是非水洗不可。市面上其实也有很多干洗产品可以考虑：免洗手套、干洗粉、免洗泡沫等。

免洗手套

干洗粉

免洗泡沫

● 猫咪干洗产品

比起水洗，干洗对猫咪几乎没有刺激，但既然是免洗，多少都有残留的风险，猫咪又非常喜欢舔毛，所以很容易把残留物舔进去。

因此在选择的时候尽量选择靠谱的大品牌产品，不能光相信"舔食安全"的广告宣传，使用之前看清楚原料表，使用之后最好再用湿毛巾擦拭几遍，甚至可以给它们戴一会儿伊丽莎白圈。

第 3 节

关于美毛的那些事儿

对于猫来说，毛发状态可以在一定程度上展示它们的健康状况，相比健康的猫，生病状态下的猫的毛发会显得粗糙黯淡，哪个主人不想拥有一只毛光锃亮的小猫咪呢？正因如此，商家们也抓住了这个商机，相继推出了各式各样的"美毛产品"，面对各种宣传陷阱，我们应该如何选择呢？

🐾 第 1 原则：保证主食营养均衡

别不信，不管是人还是猫，要是日常吃的主食营养不完全，连身体基本营养需求都无法满足，哪来的多余营养供给毛发？

毛发的好坏不是单凭一种营养物质就能决定的，优质的蛋白质可以

● 毛发旺盛柔顺的猫咪

给毛发生长提供可靠的物质基础，优秀的脂肪酸可以提高毛发的生长质量，维生素B、维生素E、锌等微量元素，也在毛发生长过程中有着重要意义。而这些，都是依赖主食提供的。

因此，要想猫咪毛发油光发亮，最重要、最基本的原则就是保证主食营养需求，即选择优质的主食（干粮、主食罐、主食冻干、自制及其他）。千万不要做每个月花几倍主粮钱买各种美毛保健品的冤大头！没必要，再神仙的保健品当水喝也救不了每天吃垃圾主粮的"毛孩子"。

第2原则：只补"缺"的

如果我们已经做到了上面的大前提，那确确实实可以考虑"补一补"了！不过肯定不能瞎补，我们要先了解什么是主食中容易缺的，其中有一个非常重要的就是Omega-3脂肪酸。

1. 为什么会缺Omega-3

不管是我们还是猫咪，日常饮食中摄入的脂肪酸可以分为Omega-3

日常饮食中摄入的脂肪酸

● 日常饮食中摄入的脂肪酸示意图

和 Omega-6 两类，Omega-3 可以抑制免疫系统过度反应，Omega-6 可以活跃免疫系统。

在摄入均衡的前提下，它们俩本来是一种相互制约又相辅相成的合作关系。但很可惜，出于多方面的原因（配方缺失、谷饲肉类原料、深加工、储存不当等），Omega-3 出现了缺失，从而打破了它们的这种平衡，造成了宠物食品里普遍的 Omega-3 不足、脂肪酸比例不平衡的现象。

而这种不平衡，可能会导致免疫系统过度活跃，带来一系列问题。所以 Omega-3 的缺失可不只是让毛发差点那么简单，长期缺失可是要影响猫咪身体健康的。

2. 怎么补 Omega-3 最直接

很简单，额外吃一些富含 Omega-3 的食物，比如秋刀鱼、三文鱼、马鲛鱼等 Omega-3 含量高、污染程度低的鱼类，选择深海鱼去骨蒸熟喂食是最经济、最直接的做法。

深海鱼煮熟后的Omega-3含量表

煮熟后，每100g	Omega-3含量
养殖三文鱼（淡水）	2147mg
秋刀鱼	2050mg
大西洋鲱鱼	2014mg
青占鱼、青花鱼、鲐鱼	1848mg
野生三文鱼（海水）	1840mg
马鲛鱼	1246mg

至于吃多少，倒是没有一个非常严格的数字，控制在每周100g～300g左右，考虑到肠胃的适应问题，最好别一下子给猫一大盆鱼猛吃，尽量分几次给。

3. 同样富含 Omega-3，为什么海藻粉、亚麻籽油不可以

必要的脂肪酸包括 Omega-3 和 Omega-6，它们还可以继续往下分类，Omega-6 包括亚油酸（LA）、γ - 亚麻酸（GLA）、花生四烯酸（AA），而 Omega-3 则包括二十碳五烯酸（EPA）、二十二碳六烯酸（DHA）及 α - 亚麻酸（ALA）。相比鱼类富含的 DHA 和 EPA，亚麻籽、海藻这类植物原料则富含 ALA。

而猫对于 EPA 和 DHA 的吸收毫无压力，但是同为 Omega-3 的 ALA，猫则无法吸收，也无法转化 ALA。

日常饮食中摄入的脂肪酸

- 猫可以吸收鱼类富含的 DHA 和 EPA，无法吸收亚麻籽、海藻富含的 ALA

4. 可以考虑鱼油

选择深海鱼最经济直接，但对很多忙碌的主人来说，完成每周买鱼、煮鱼、挑刺这一套活儿可能不现实，又或者辛辛苦苦折腾半天的鱼肉，小猫咪根本不给面子，闻一下就一溜烟跑了，独留我们对着猫碗空惆怅。

别灰心，鱼肉不行，我们还可以考虑一下鱼油。相比自己煮鱼，品质过关的鱼油除了价格高点确实也没啥缺点了。

- 鱼油富含 Omega-3

那如何挑到靠谱的鱼油呢？

不管是宠物鱼油还是人用鱼油，按照这些标准去选，应该就能选到不错的产品。

（1）选择未添加其他微量元素的

猫咪对于鱼油的需求比较简单，就是 Omega-3 而已，不建议选择有添加其他微量元素的，比如维生素 A、维生素 D 等。尤其是在选择人的鱼油的时候，毕竟其配方是按照人的需求来的。

（2）防腐剂、增味剂

尽量选择使用天然防腐剂的产品（比如维生素 E），而有的鱼油为了减轻腥味，可能会添加一些果味的增味剂，但这类柠檬柑橘味恰恰是猫咪们最讨厌的，虽然没有什么实质性危害，但还是建议根据猫咪们的喜好来选，不然这瓶鱼油只能进自己肚子里了。

（3）避开添加植物油的复合配方

猫咪无法吸收利用植物油中的 ALA，即使是狗，转换效率也很低，这里就不赘述了。

（4）看载体形态、看浓度

建议选择在包装上明确注明 Omega-3 载体形态的产品，常见的载体及其优缺点如下。

● Omega-3 常见载体形态优缺点

综上，在条件允许的情况下，建议尽量选择高纯度、高生物利用率的 rTG 形态鱼油。

至于浓度，就关注包装上注明的关键成分含量（EPA+DHA）即可。

（5）鱼油的喂食建议

和吃深海鱼一样，鱼油在喂食量上并没有严格的数字要求，一只5kg 的猫一周吃 2 ~ 4 粒，根据实际情况进行调整。另外每只猫咪对鱼油的适应程度不同，一开始一定先少量试吃，确定能适应后再逐渐增加。

宠物鱼油最大的优点就是方便，很多按压式的设计直接挤就可以了。但如果选择人类鱼油的话，胶囊颗粒普遍很大，想要猫咪直接吞是不大可能的，最好的方法还是戳破挤在食物上。如果你家猫咪对鱼油的味道特别排斥，可以考虑用注射器把鱼油抽取出来，每次少量地分装到小号的胶囊中。

铲屎官
温馨提示

注意不要直接把鱼油硬挤到猫咪的嘴里，这个行为很危险，非常容易造成吸入性肺炎。

● 把鱼油直接挤到猫咪嘴里的错误例子

拒绝卵磷脂、爆毛粉

以前卵磷脂、爆毛粉特别流行，但经过时间的洗礼，很多人都摆脱了商家的宣传陷阱，看清了真相。

就拿卵磷脂来说，一些有良心的商家会标明卵磷脂类型是大豆卵磷脂还是蛋黄卵磷脂。而更多的商家则选择用"卵磷脂"三个字一笔带过，直接模糊不同卵磷脂之间的区别（在一些膨化粮的原料表中也能发现这个问题）。事实上，卵磷脂分为很多种，我们日常说的卵磷脂实际是从蛋黄中提取出来的，成本较高。而目前市面上的卵磷脂，普遍属于成本较低的大豆卵磷脂。即便是成本较高的卵磷脂对毛发的功效也尚未明确，更别提价格低廉的边角料大豆卵磷脂了。要是真的心动，不如给猫吃点水煮蛋的蛋黄，健康安全！

有的主人可能"求毛心切"，心想吃了试试看嘛，无效也就浪费钱而已，关系不大。但在宠物保健品市场，有些商家为了让主人能够看到肉眼可见的美毛效果，会在产品中添加激素，长期滥用激素对猫危害很大。

所以，要是有人和你说他家猫吃了什么卵磷脂、爆毛粉产品，毛发一下子变得油光发亮的，那真的要小心了！

● 给猫吃水煮蛋的蛋黄补充卵磷脂，健康又安全

第 4 节

刷牙可是件大事情

猫咪牙齿的护理应该是大部分新手最容易忽略的问题了，毕竟牙齿不像我们前面提到的毛发、指甲那么容易被观察到，但等到出现问题时，处理起来却是最痛苦的，不仅仅猫咪遭受了痛苦，我们的钱包也绝对躲不过这一劫，想想我们自己的牙科账单就知道了，小动物的牙科收费只会比人类的还高。

刷牙为什么那么重要

牙齿在猫咪的嘴里具有非常高的隐蔽性，如果不是特地去观察，你甚至都不会察觉猫咪有这方面的问题。等到你察觉了，那一定是出现非常严重的症状了，比如流口水、食欲不佳、口臭，甚至有可能开始面穿孔。

口臭

流口水

因此，对于猫咪口腔问题，正确地做好预防绝对是最明智的选择，而在所有预防措施里，刷牙的地位是不可撼动的。除了让猫咪保持健康，还能让它在和你互动的时候，拥有清新口气，何乐而不为！

● 等到猫咪表现出口腔症状时，问题已经非常严重了

● 猫咪健康的口腔状态，有利于和主人亲密互动

如果是新手铲屎官，初听到刷牙，可能还会产生类似"猫怎么还要刷牙？""猫居然愿意让我刷牙？"的想法，但现实还真没有大家想象的那么难。随着科学养猫观念的普及，包括从我们公众号举办的刷牙打卡活动的情况来看，能做到每天给猫咪刷牙的家庭还真的不少，所以别人可以，你一定也可以，把握住机会，从现在就开始刷牙吧！

关于牙齿保健的迷思

做宠物生意的商家抓住了宠物刷牙烦琐的痛点，制造出一些乍看很符合逻辑，实际却经不起深究的概念。为了让各位不要再踩坑，我们就先来说说关于猫咪牙齿保健的迷思吧。

1. 听说猫狗不容易得蛀牙，刷牙就没必要了吧？

为什么人类蛀牙很常见，而猫狗却很少有蛀牙呢？原因主要有以下3个。

（1）犬猫的唾液偏碱性：人的唾液的 pH 值为 6.5 ～ 6.9，犬的唾液的 pH 值为 8.5 ～ 8.65，猫的唾液的 pH 值为 8.5。

（2）牙齿的形状：犬猫的牙齿为三角形，不像人类的臼齿那样容易残留食物。

（3）食物的类型：猫狗的饮食中较少出现甜食及高碳水饮食。

不过，我们也接触到猫狗有蛀牙的情况，但确实非常少见，大家认为的蛀牙，大部分其实是牙周病，抑或是其他牙科问题，例如牙釉质发育不全、牙齿破损（骨折）、牙齿吸收、咬合不正，尤其是小型犬，因为牙齿小且密，相对而言更容易产生牙周问题。

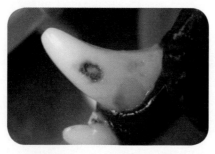

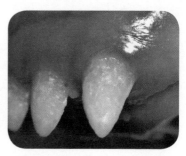

● 牙釉质发育不全（图片来自世界小动物兽医协会）

● 牙釉质矿化不全（图片来自世界小动物兽医协会）

2. 老掉牙？老了掉牙是正常的？

部分主人对年老的猫狗掉牙不以为意，认为"老掉牙老掉牙，老了自然就会掉牙啊，何必再花钱看"，我们必须强调这个观点是不正确的！

掉牙与年龄无显著关系，导致掉牙的原因更可能是牙周病、外伤、肿瘤或其他疾病。而牙齿的缺失可能会导致面部变形，相邻的牙齿因失去依靠变得倾斜和松动，加快其他牙齿脱落的速度。除此之外，随着牙周病的不断恶化，除了掉牙，犬猫还要承受长期的疼痛（想想我们长智齿难受时的哭天喊地），严重影响生活的质量。

● 牙周病会造成猫咪长期的疼痛

衰老虽然无法抗拒，但由于口腔卫生导致的牙齿损坏或脱落是完全可以预防的，预防手段也很简单：不喂食过硬的食物、每天刷牙，在条件允许的情况下，每年进行麻醉洗牙和口腔检查。做好预防，让猫咪们也能拥有一口好牙，吃嘛嘛香！

3. 干粮洁牙，湿粮毁牙？别开玩笑啦！

这个观点应该是传播最广、传播时间最长的。硬硬的干粮颗粒，听起来好像真的有那么一些摩擦作用？其实不然，管它设计成什么奇形怪状，干粮也不过是以淀粉、肉粉或鲜肉为主要原料的膨化食品罢了，只需要简单换位思考一下，想想我们吃饼干、薯片时，嚼碎后一遇上口水便糊满了牙缝时的状态，就可以打破这个谣言。

如果你家小猫不爱咀嚼，直接吞咽就更不存在什么摩擦不摩擦的作用了，这完全就是膨化粮商家为推广产品编织的说法。

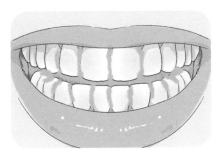

● **人类吃薯片后的牙齿状态**

所以如果你以前是为了牙齿保健才选择的膨化粮，那看到这里可是值得好好考虑一下以后的刷牙计划和是否更换更优秀的主食形式啦！

既然干粮洁牙这件事根本不符合事实，那湿粮毁牙的传言就不攻自破了，吃到嘴里真的差不多，该残留的都残留在嘴里了，不管是吃干粮还是湿粮，饭后刷牙最靠谱！

4.漱口水、洁牙粉、洁牙饼干……是智商税吗？

漱口水、洁牙粉、洁牙饼干、洁牙凝胶……这些东西和上面的传言一样，同样是抓住主人们对宠物"刷牙难"的痛点而衍生出来的，但有一点不同，少部分正规的产品可能真的对抑制牙菌斑、牙结石有一定作用，不至于全盘被否定掉。

漱口水　　　　　　　洁牙粉　　　　　　洁牙饼干

洁牙凝胶

- 漱口水、洁牙粉、洁牙饼干、洁牙凝胶

但是有一点是毋庸置疑的，这些产品都无法代替刷牙，只能起到一定的辅助作用。如果真的能做到每天坚持正确给猫咪刷牙，我个人觉得用不用这类产品区别并不大，还不如拿着这份预算升级主食。

但理性来说，这类产品确实有一定功效，倒也不是完全不能买，而是不能抱着"买了就不用刷牙"的心态买。

此外，还要小心甄别这些产品是否正规、原料如何。之前我们就收到过很多使用某洁牙凝胶之后出现呕吐的负面反馈，所以在选购时要避免一些原料表写得模糊不清、功能宣传说得天花乱坠的产品。

● 猫咪使用不正规的洁牙凝胶之后可能会出现呕吐症状

5. 像我们这种懒人、凶猫，还是指望洗牙吧？

除了上面这些牙齿保健品，也许对很多懒主人或者难搞的小猫咪来说，洗牙似乎是一个更加"一劳永逸"的方式。

但很可惜，每年洗牙一样代替不了每天刷牙，我这里指的是在正规医院的麻醉洗牙。这是因为猫咪不像人类一样能够一动不动、乖乖张嘴配合医生检查或治疗，所以在洗牙之前，要比人类多一个镇静或麻醉的步骤。

● 猫咪无法像人类一样配合医生洗牙

麻醉洗牙第一个考虑的便是多次麻醉的风险，因此，医生需要通过各项检查去评估动物目前的健康状况，制订最佳的方案，将风险最小化。

而洗牙不是一劳永逸的事情，洗完牙再次出现牙结石、口臭的时候，难道要像之前那样循环地洗牙吗？现有的宠物医疗水平确实已经将麻醉风险降低了很多，但既然有风险，明明可以减少次数甚至避免麻醉，你怎么舍得让猫咪去承担呢？退一万步说，当它老了或者患了其他基础病没那么适合麻醉了怎么办？

> ☑ **麻醉前评估的重要性**
> 犬猫与麻醉相关的死亡风险介于 0.05% 至 0.3% 之间。如果情况允许，犬猫病患患有其他疾病，应先稳定病患状态，合并输液治疗并矫正电解质与酸碱失衡，再施行全身麻醉。
> 建议术前进行血清生化学检查与血液学检查，以及其他影像学检查，针对整体健康进行"检查"以及更深入地确认风险。

● 宠物麻醉风险注意事项

有的主人可能会想，那我们做无麻醉洗牙不就能规避麻醉的风险了吗？事实上，宠物店里的那种无麻醉洗牙，已经不是可不可代替的问题了，而是完全不建议各位去冒这个险。无麻醉的情况下给犬猫洗牙，只是将牙齿表面（牙冠）上的牙石、牙垢清理掉而已，牙龈下的部分（牙肉包裹的位置）牙石依然存在，而清除掉牙冠表面的牙石，只有"美化"的作用，并无治疗效果。除此之外，还可能因为猫狗的不配合而划伤其口腔，犬猫会更恐惧口腔护理。

洗牙是个绝对的专业活儿，不是培训几天就能搞定的，也不是涂点凝胶拿个小铲子刮一刮就叫洗牙。洗牙不只是去掉牙结石，前置检查、后续抛光同样重要。

● 猫咪可能并不会配合无麻醉洗牙

前置检查能够及时发现肉眼无法察觉的问题，一并在麻醉洁牙时处理，将风险降至最低。而后续的抛光则是把洁牙后残留的坑坑洼洼填平抛光，如果不做这一步，那么洁牙后牙结石会利用这些坑洼，长得更迅速、更夸张。

更令人担忧的是，在无麻醉的情况下，无法进行完整的口腔检查，不能发现及治疗隐藏的口腔疾病，因此不建议猫狗进行无麻醉洗牙。

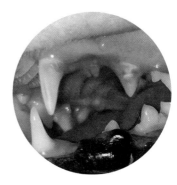

● 洗牙后如果不做抛光，牙结石会利用残留坑洼长得更迅速

6. 如何看待鸡脖这种骨类洁牙零食？

这类零食可能是这几个迷思里相对最靠谱的，但是一样无法替代刷牙。

很多猫咪确实通过啃食鸡脖等零食，解决了部分的牙结石，但是这个"部分"只能是"部分"，这个和咀嚼习惯有关，所以不管你给猫咪吃再多骨类零食，很可能清洁的永远是同一个位置，其他位置依然无法被清洁。

而且从安全角度讲，一些咀嚼习惯不好的猫咪并不适合吃这些骨类零

● 鸡脖类洁牙零食

食，即使你对你家猫有信心，也一定要保证吃的时候人在旁边看着。退一万步讲，长期频繁地吃骨类，对牙齿也是一种变相的伤害。

如何让我的猫咪乖乖配合刷牙

　　既然话都讲到这里了，貌似除刷牙之外别无他法。但是看着家里这只上蹿下跳的顽皮猫咪，好像真的无从下手！毕竟对于猫咪来说，刷牙不是它们与生俱来的自然行为，它们不可能理解刷牙的重要性。

　　而在这个认知基础上，每一次刷牙都是在消耗猫咪的信任度，都是在进行增压蓄压。压力一次一次累积，然后猫就容易出现应激，轻则乱尿、龇牙，重则尿闭、出现攻击行为，这些真的不是危言耸听。

　　别慌，还记得我们前面提到的脱敏方法吗，刷牙一样能脱敏，而且成效还不错呢！

● 可使用脱敏方法让猫咪配合刷牙

1.临界点测试

想要让猫咪接受刷牙，就得先搞清楚它们有多烦刷牙。我们需要细致地分解一下刷牙的步骤，大家可以按照下面的步骤简单做个测试。

第 1 步：在远处拿出牙刷→拿着牙刷靠近猫→把牙刷放在猫的身边。

第 2 步：用手靠近猫的嘴部→用手轻轻触碰猫的嘴巴→用手轻拨猫的嘴唇→用指甲盖轻触猫的牙齿。

第 3 步：拿起牙刷→一只手掀开猫的嘴唇，另一只手拿着牙刷触碰猫的牙齿。

● 猫咪刷牙的临界点测试

按照上面的步骤一步一步来，不用全部做完，只需要在出现不适的那一步停止即可，这个点就是你家猫的"临界点"。

如果你家猫看见牙刷扭头就跑，也许我们就需要反思一下，是不是它之前的刷牙体验不太好，或某次刷牙因为不配合遭到了"恐吓、动粗"？

不过即使有也没关系，从临界点重新来。

2. 分解动作

找到临界点之后，下一步就是继续分解临界点动作，拿出它最爱的零食，打动它！

假设你家猫咪的临界点是"拿着牙刷靠近"，我们一起来分解靠近这个动作试试看，先分析一下这个动作的变量是——距离！

那我们就给它吃的、玩的，一切它喜欢的，然后拿着牙刷缓慢靠近，直到它停止吃、玩（注意要放慢速度，这样既可以减小对猫咪的刺激，也有助于我们及时观察）。

知道距离这个"变量极限"了，这时候可别再继续靠近，别轻易越过雷池，咱就待着不动，甚至可以原地蹲下或坐下等待。

给它时间适应，等它继续吃之后，可以试试拿着牙刷原地动动。如

● 脱敏疗法需要你有足够的耐心，等待猫咪度过临界点

果这猫咪心大，没啥反应能继续吃，那你试试看再悄悄前进一点，直到它发现你和牙刷的存在……

接下来就是以上步骤的无限循环，直到你成功拿着牙刷坐在它旁边，它还能熟视无睹地吃饭，那么咱就算愉快地度过了一个临界点！

3. 触感熟悉

搞定了临界点测试、分解动作的逻辑，就可以开始上手进行触感熟悉。刷牙其实就是一个猫和手、牙刷、牙膏的接触过程。

因为嘴对猫来说其实是非常敏感的部位，我们就可以先从稍微没那么敏感的头部开始，让它们接受你对头部的抚摸，然后就略微施力地控制。

然后再过渡到嘴部的触碰，可以先用手、牙刷轻轻碰一下马上拿开，然后飞快地把好吃的给它，一直循环下去，进而延长触碰的时间，以及触碰的手势和力度。

当前面都进行得比较稳定以后，就可以尝试加入刷牙的动作，一开

● 让猫咪适应你的手对它嘴部的触摸

始不求刷得有多久，可以先从一颗牙齿开始，慢慢过渡，总有一天你可以一次性刷完整口牙！

牙刷的选择

接下来就该说说给猫刷牙的装备了，但在刷牙这件事上，用什么装备没那么重要，最重要的是坚持。

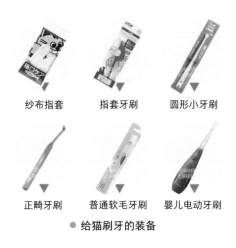

纱布指套　　　　指套牙刷　　　　圆形小牙刷

正畸牙刷　　　普通软毛牙刷　　婴儿电动牙刷

● 给猫刷牙的装备

市面上猫的牙刷基本就是上面这几种，没有什么明显的好坏之分，只要用得顺手即可。下面按照不同的需求给一些选择建议供大家参考。

（1）幼猫的刷牙适应期

纱布指套、指套牙刷能更轻柔地处理乳牙。比起牙刷，指套的设计对我们来说操作会更简单一些，可以更好地调整力道和方向。但是对有咬人前科的猫咪慎用。

（2）刷牙入门装备

圆形小牙刷、正畸牙刷、普通软毛牙刷接触面都比较小，可以更细致地清理牙周袋等一些清洁死角。这种手柄的设计刷起来会比较顺手！我觉得刚入门的猫家长可以选择试试。

（3）刷牙老手装备

婴儿电动牙刷刷起来会更快更干净，而且可以选自带小灯的，以便更好地看清刷牙的过程。不过新手就先别急着尝试，电动牙刷的震动对猫咪来说还是比较难适应的，要花更多时间来进行脱敏。

🐈 牙膏的选择

随着宠物主人们刷牙意识的强化，宠物牙膏产品也层出不穷，相比较人类十来块钱一支的牙膏，宠物牙膏的定价却常常要翻倍甚至翻十几倍。

所以在牙膏的选择上，小心谨慎一些意义很大，毕竟试错成本不低。

1. 常规宠物牙膏的成分

其实宠物牙膏的成分跟人类牙膏非常相似，基本都是由摩擦剂、保湿剂、增稠剂、风味剂、水和其他功效性添加物组成的。

听起来很像化学武器的东西，当然不能随随便便使用，更何况猫咪还和人类不一样，对于牙膏，它们只会选择舔一舔吞下去，而不是漱漱口吐出来，也正因如此，所以人类的牙膏不适用于宠物。

打个比方，人类所使用的牙膏，通常会添加预防龋齿用的氟化物，而氟化物可能导致猫腹泻或呕吐；还有不少人类牙膏以木糖醇作为甜味剂，这会导致猫狗血糖降低、身体虚弱、嗜睡，出现昏厥、痉挛症状，甚至还可能引起肝功能衰竭而致死。

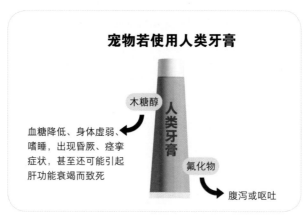

● 人类牙膏中的木糖醇和氟化物会给宠物带来不利影响

所以，前面还想着可以把自己的牙膏给宠物用的主人们，看到这里可要打消这个念头了。

2. 需要尽量规避的成分

根据之前老阳测评过的宠物牙膏，这里给大家整理了一些容易踩雷的成分，在选购时，如果看到这类成分，请直接拉入"小黑屋"名单。

（1）乙醇（酒精）：作为有机溶剂，乙醇虽然有杀菌和缓解口气的作用，但对口腔实在太刺激了，所以不建议选购含有乙醇的产品；

（2）二氧化钛：这个成分的安全性还有待考证，法国环保部和经济部宣布从 2020 年 1 月 1 日起禁止在食品中添加二氧化钛，因为该食品添加剂具有致癌风险，不过目前这一决定只涉及食品，牙膏、化妆品及药品等不受影响。但是，对于宠物来说，牙膏是要进肚子的，而且添加二氧化钛其实就一个作用——制造刚刷完牙、牙特别白的假象，所以其实并没有什么真正的意义。从安全性考虑，建议还是慎选。

乙醇	乙醇属于容易引起猫狗中毒的醇类化合物，中毒的主要表现包括呕吐、腹泻、共济失调、精神错乱（似醉酒）、抑郁、震颤和呼吸困难
二氧化钛	这个成分的安全性还有待考证，法国环保部和经济部宣布从 2020 年 1 月 1 日起禁止在食品中添加二氧化钛，因为该食品添加剂具有致癌风险，不过目前这一决定只涉及食品，牙膏、化妆品及药品等不受影响

● 宠物牙膏踩雷成分

3. 如何选到一款优秀的牙膏

排除了踩雷的成分，我们可以选到一款相对比较安全的牙膏，但是用牙膏的目的是为了增强刷牙的效果，因此在功能性上也有一定的追求。

首先建议选择含有摩擦剂的产品，摩擦剂顾名思义就是通过摩擦来达到去除牙菌斑的目的，基本上刷牙的效果主要都取决于它。

常见的摩擦剂有磷酸氢钠、二氧化硅、磷酸氢钙等，磷酸氢钠作为摩擦剂的效果没有那么理想，而二氧化硅存在一些争议性，因此相对来说磷酸氢钙会更好一些。

首选含有摩擦剂的产品

常见摩擦剂	磷酸氢钠	效果不理想	✖
	二氧化硅	存在争议	➖
	磷酸氢钙	相对来说更好	✔
	......		

● 常见的摩擦剂选择建议

除了摩擦剂，还有一些品牌特色的活性成分，比如×××酶之类的，因为种类太多这里就不一一分析了，这些成分均有加成效果，但是具体效果如何还真的挺难判断，这个部分根据实际条件来选择即可。

● 清水对猫咪的牙齿也有好处

4. 牙膏非用不可吗

许多人看到前面的一长串名词，可能心里已经有些崩溃了，抑或是发现牙膏选来选去，好像多多少少都有一些不那么好的成分，心里十分膈应。

那牙膏可不可以不用呢?

其实还真的可以，在坚持每天刷牙的前提下，牙膏的使用频率并不需要太高，甚至清水刷牙都是可行的。

考虑到牙膏吞咽的安全性，我们也建议大家不必每次都使用牙膏，并且控制好牙膏的使用量，坚持刷牙的好习惯比选择产品重要多了。

🐈 其他关于牙齿的问题

（1）在什么情况下才需要去医院洗牙

在猫狗身体条件允许的情况下，牙科医生会建议给它们每年进行一次麻醉洗牙及口腔检查。许多兽医师和主人都主观地认为是否有必要洗牙或进行牙科治疗取决于牙齿表面上可见的牙结石的数量，这是非常错误的，而专业洗牙也不只是清理肉眼可见的牙结石。

（2）定期刷牙是不是就可以和牙医说再见

刷牙只能解决最基础的表面问题，因此有刷牙习惯也建议定期洗牙和做口腔检查，彻底清理刷牙时没清理到位的地方。即使刷牙了也不代表方法正确，兽医会通过检查牙齿纠正刷牙方法，如有其他牙齿问题也能及早发现，例如牙吸收、牙齿折断或口腔肿瘤等。

（3）怎样刷牙才是正确的手法

首先需要根据猫咪的体型准备一把合适的牙刷，如果是小猫小狗，不建议用刷头过大的牙刷，否则容易在细节处清洁不到位。具体的手法其实和人类一样，让牙刷倾斜地接触牙齿表面，打圈刷动即可，牙龈线是最容易累积牙菌斑和牙结石的地方，可以重点清洁。注意，除了我们肉眼能看到的犬齿，内侧的臼齿也需要清洁到位。

第 5 节

猫砂、猫砂盆怎么选

很多刚接触小猫咪的新手可能会忽略猫砂对养猫生活的影响，似乎这就是一个猫厕所嘛，买来用就好了！

● 解决猫上厕所这事对于养猫来说是头等大事

其实养一段时间你就会发现，猫厕所这件事，可太重要了！猫砂选不好，可能你下班一打开门，就会发现气味熏人，令人暴躁；猫砂盆选不好，满地漏砂，有点挑剔的小猫咪不喜欢甚至干脆就不去了，直接换个地方上厕所；好不容易发现了一款用着还不错的猫砂，结果月底一合计，居然光猫砂的花费都要三位数！

🐱 猫砂的种类

猫砂种类繁多，很多主人和猫都有自己的喜好。目前市面上主流的猫砂主要包括膨润土、豆腐砂、沸石砂、松木砂、水晶砂等，下面简单地介绍一下它们的优缺点。

1. 膨润土

优点： 膨润土因为最接近沙漠环境，对于大多数猫而言脚感应该是最好的。

缺点： 即便再好的膨润土多多少少都存在带砂问题，一不小心家里就变成"都市马尔代夫"；膨润土的另外一个问题就是粉尘，在选购的时候这是一个重要的参考因素。

● 膨润土

2. 豆腐砂

优点： 豆腐砂是用玉米、豆腐渣之类的食品原料做的，可以冲进马桶（但还是要小心别一次性冲太多），整

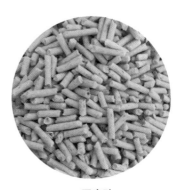

● 豆腐砂

体性价比尚可。

缺点：虽然是用食品原料做的，但加工环境的要求还是跟食品不同，豆腐砂加工过程中可能会受到污染，但又不会跟食品一样进行杀菌处理，况且玉米、豆腐渣等本来就是易变质的材料，即使生产出来没问题，但在运输、存储和使用过程中产生霉变的可能性极高。

不过依旧有很多品牌都喜欢宣传自己是"可食用级别"的，这种宣传真的误导了不少人，很多猫狗双全的主人为了避免狗吃膨润土，买了豆腐砂，但豆腐砂其实和膨润土一样，是不可能放心食用的，至少要担心一下猫砂变质而产生强致癌物黄曲霉毒素 B_1 的问题（猫舔爪子也会吃进去）。

建议大家尽量选择正规品牌、真空包装的豆腐砂。

3. 沸石砂

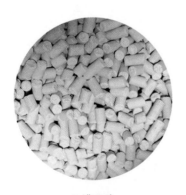

● 沸石砂

优点：沸石砂没有膨润土和豆腐砂的上述缺点，从人类的角度看使用感确实还可以。

缺点：价格比较贵，一般都需要搭配双层厕所和尿片，增加了消耗品的开销。最大的缺点还是脚感差，许多猫不喜欢，而且如果不幸遇上软便，一盆砂直接报废。

4. 松木砂

优点：无。

缺点：松木砂目前使用的家庭比较少，正在逐渐被市场淘汰，主要原因是甲醛问题，早在 2017 年就已经被曝光了。当时老阳团队也用仪器对这个问题进行了验证，发现商家说的将松木砂放在露台通风晾晒的解决方案

● 松木砂

并不可行，我们经过充分的通风晾晒后，发现松木猫砂依旧存在甲醛超标的现象。因为甲醛属于慢挥发气体，挥发过程可能会持续 10 年。

甲醛超标的问题不仅危及猫的健康，就连人也逃不掉。因此不建议大家选择了。

5. 水晶砂

优点：能吸收尿液但整体消味效果并不理想，想要减少气味只能频繁更换。

缺点：水晶砂应该是目前使用率最低的，性价比比较低，如果小猫误食的话还可能有安全问题。

因为整体的体验都不太好，所以一直没有被广泛地使用起来，这里就不赘述了。

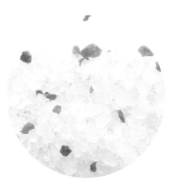

● 水晶砂

猫砂盆的选择

作为新手，打开购物软件一搜索，本来已经被各种主食、零食、用品、玩具、猫砂搞昏头，再看到多种多样甚至是奇形怪状的猫砂盆，真的可能会彻底被搞晕，什么全封闭、半封闭、顶入式、侧入式、单层、双层、全自动、半自动等，没想到吧，猫砂盆的选择也有非常多的门道。

全封闭　　半封闭　　顶入式　　侧入式　　双层

● 猫砂盆的样式繁多

但不要随随便便就选择一个猫砂盆，很多时候猫咪的一些行为问题，比如乱尿，不只和猫砂的选择有关，和猫砂盆选择错误带来的焦虑、压力也有关系。

行为问题是一方面，如果选择一些带机械的自动猫砂盆，选择不慎甚至可能引发安全事故，危害猫咪的身体健康。因此对于猫砂盆，我们选择时可以主要考虑以下这些因素。

1. 猫砂盆的大小

在所有考虑因素里，猫砂盆的大小是最重要的因素之一，可以说它决定了猫咪大部分的如厕体验。换个身份，即使是我们人类，也不愿意在非常拥挤的空间里思考人生吧。其实猫咪也一样，它们也是非常注重如厕体验的。

在长度上，一般会建议主人们选择长度至少为猫全身长1.5倍左右的猫砂盆。

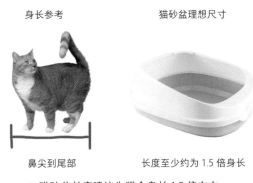

身长参考　　　　　　　　猫砂盆理想尺寸

鼻尖到尾部　　　　　　长度至少约为1.5倍身长

● 猫砂盆长度建议为猫全身长1.5倍左右

不过不仅仅是长度，当我们选择的猫砂盆到家之后，我们还需要特别观察猫咪是否能够在里面自由地伸展，包括完成蹲下、站立、埋砂、刨砂等动作。

尤其是空间高度，大家很容易忽略。大部分猫咪都是以蹲坐姿势来上厕所的，如果猫砂盆的高度不够，那么它们就非常有可能头触碰到顶板，严重影响如厕体验，尤其是一些全封闭或半封闭的猫砂盆。

此外，如果是给小奶猫使用，也不能忽略小猫们的成长速度，猫砂盆一般使用年限较长，可以考虑直接以成年的尺寸来购买，不过要注意猫砂盆的开口设计是否能让小奶猫轻松进入。

2. 猫砂盆的开口

猫砂盆的开口方式几乎就决定了猫砂盆的不同款式，基本可以分为全封闭式、半封闭式、全开放式三种。

（1）全封闭式猫砂盆

优点： 全封闭式猫砂盆一般是侧入顶出设计，在侧面开口带有一块透明隔板，可以按照需求选择单向进入或双向进出，隐私度会比较高，适合刨砂和喷尿比较严重的猫咪。

缺点： 空间比较封闭，整体通风情况不好。猫作为对洁净度要求比较高的小动物，一旦没有及时铲屎，尤其是在温度比较高的夏天，猫咪很有可能会觉得猫砂盆太臭而拒绝在猫砂盆里上厕所，从而产生一些类似乱尿的行为。

● 全封闭式猫砂盆

对主人来说，这种猫砂盆最大的优点应该是带砂少，非常适合对带砂量有要求的家庭（猫砂垫虽然能缓解，但无法 100% 避免带砂问题）。

铲屎官
专家点拨

需要特别注意全封闭式猫砂盆的大小，长宽高都需要综合考虑到位，避免买到过于狭小的猫砂盆。

同时，大部分全封闭式的猫砂盆出口都需要小猫咪跳跃出来，进入时一般也有隔板作为屏障，如果是身高不够的小奶猫、有关节问题或者其他疾病而活动不方便的病猫，以及年龄大的老年猫，都不建议使用，以上情况更适合选择全开放的猫砂盆，尽量避免增加它们的如厕负担。

（2）半封闭式猫砂盆

优点： 半封闭式猫砂盆使用的家庭相对比较多，相比较全开放式猫砂盆和全封闭式猫砂盆，它既能兼顾猫咪的隐私度，也能保证比较好的通风性。同时，它的盆沿也有一定的高度，能防止小猫咪埋粑粑导致的轻微溅砂情况。

● 半封闭式猫砂盆

缺点： 它的盆沿高度也有限，如果有疯狂刨砂或者喷尿习惯的猫咪，这点盆沿高度是指望不上的。

（3）全开放式猫砂盆

优点： 最大的优点就是空间大，只需要考虑长度和宽度，在高度上没有什么限制，只要长宽选好了，猫咪在里面完全可以旋转跳跃不停歇，爱用什么姿势就用什么姿势。而且相对以上两种，它的通风效果最好，也更方便主人清洁或者观察猫粪便，以判断猫咪的健康状态。

● 全开放式猫砂

缺点： 带砂问题严重，并且气味比较大。如果猫有埋粑粑的习惯还好，如果是不会埋粑粑的猫咪，那可能就要把这种猫砂盆拒之门外了。

另外，这种全开放的猫砂盆隐私性也是最差的，多猫家庭或者比较敏感的猫咪会更注重上厕所的隐私空间。

● 双层猫砂盆

（4）双层猫砂盆

优点： 这种猫砂盆往往需要搭配专门的猫砂和尿垫，配合尿垫可以更直观地观察尿液情况，起到一个健康监控的功能，平时也只需要定时更换尿片就可以了。

缺点： 这种组合非常不适合肠胃不好的猫咪，一旦出现软便或者拉稀，场面会令人十分崩溃，正是因为这个原因，加上各种耗材价格不低，目前使用双层猫砂盆的家庭已经比较少了，这里不再赘述。

3. 猫砂盆的数量

猫砂盆的数量是一个非常容易被忽略的问题，不只是新手主人，甚至一些养了很多年猫的主人都有一个错误的认知，认为一只猫配一个猫砂盆就足够了。

其实不然，一只猫需要的不只是一个猫砂盆，对多猫家庭来说这个问题尤为重要（有条件的话，单猫家庭建议也设置两个以上的猫砂盆）。很多多猫家庭成员乱尿、情绪紧张的问题，通过增加猫砂盆的数量就可以解决。

那么到底准备多少个猫砂盆合适呢？一般来说遵守 N+1 的基本原则——必须保证猫砂盆的数量至少比猫的总数量多一个。

前面提到，在多猫家庭的环境布置中，尤其需要注意资源管理，丰富的空间资源是保证猫咪情绪稳定的关键。

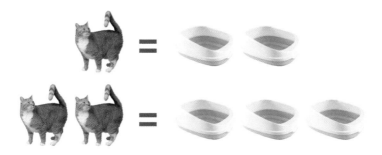

N+1 原则

- 猫砂盆数量建议实行 N+1 原则

4. 猫砂盆的摆放

(1) 避免多个猫砂盆集中排列

需要注意，猫咪可不会像我们一样，根据猫砂盆的个数来区分数量，它们区分的是空间的布局，所以哪怕 100 个猫砂盆，只要紧挨着放，对猫来说也不过是一个超大猫砂盆罢了。

因此，不建议多猫家庭把猫砂盆并排或者整齐地排列在同一个空间内，建议分区域、分空间地摆放，尽量按照不同成员的活动空间摆放猫砂盆，让每只猫咪都有自己独立的隐私空间。

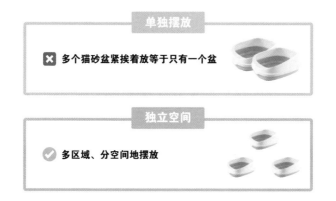

单独摆放

❌ 多个猫砂盆紧挨着放等于只有一个盆

独立空间

✅ 多区域、分空间地摆放

（2）避免距离食物过近

估计没有人会把猫砂盆放在我们自己的饭桌附近吧，谁乐意吃饭的时候，空中飘来一股不可描述的味道呢。其实对猫咪来说也是一样的，除了避免集中有序地排列，猫咪还有巢穴卫生的观念，我们要注意使猫砂盆远离它们吃饭、睡觉、喝水的地方。

● 猫砂盆摆放需注意巢穴卫生

（3）避免过于偏僻、热闹

还得避免太偏僻，离猫活动空间太远，如果猫咪上个厕所还要四弯八绕的，它没有压力才怪！虽然不能太偏僻，但也不要追求热闹，比如走廊过道这种人来人往的地方，也会让注重"个人隐私"的小猫咪压力陡增。

● 猫砂盆摆放需注意位置问题

（4）避免单一通道

你有没有观察过猫咪上完厕所后的反应？它们是否总是快速地扒拉

扒拉然后"咻"地一下就消失了？

因为猫咪是非常警惕的动物，它们需要快速地扒拉猫砂以掩盖自己的气味防止行踪暴露，然后再飞快逃走。所以猫咪对于如厕的"逃跑路径"其实是有要求的，我们应该尽量避免把猫砂盆放在过于封闭的地方，比如紧靠二面墙壁的墙角，或半封闭的柜子。

如果是多猫家庭，就要尤其注意这点了，单一通道很容易出现"猫堵猫"的情况，一旦胆小的猫咪发现如厕会让自己失去逃跑空间，那么它们真的有可能会被吓到不敢使用猫砂盆！

● 猫砂盆摆放需注意"逃跑路径"问题

（5）避免极端环境

还得避免一些环境条件过于极端的地方，比如温度过高、阳光直射、温暖潮湿的地方。阳光直射温度一高，气味自然就会比较浓郁；而湿润潮湿则非常容易让猫砂"变质"，尤其是豆腐砂这类猫砂，更需要格外注意。

● 猫砂盆摆放需注意温度问题

5. 自动猫砂盆

这几年自动猫砂盆的市场非常热闹，不同品牌都在争相推出功能更多样化、安全性更高的猫砂盆，但事实上他们的进步很大程度是猫咪的血泪促成的，自自动猫砂盆面市以来，每年都会发生不少安全事故。

● 自动猫砂盆

一般最容易存在以下三种安全隐患。

（1）猫砂盆内腔腔体转动的角度很容易卡住小猫咪，一般是猫砂盆感应装备不灵导致的。

（2）倒扣，这也是频发的安全事故，很多自动猫砂盆喜欢设计为圆滑的形状，而且球体部分会有抬高处理，这种设计加大了倒扣这种极端情况发生的频率。一旦发生倒扣，猫砂盆的重量非常大，猫咪几乎没有自己逃脱的可能，非常容易窒息。

（3）很多小猫咪都有啃咬电线的习惯，所以在选购时尽量选择使用了防咬材料或者隐藏电线设计的自动猫砂盆产品。

虽有风险，但也没必要全盘否定，科技总归是在进步的，但是不管功能怎么创新，安全性绝对是选择自动猫砂盆的首要考虑因素。在选择时多参考相关的测评或者多平台、多渠道地看看不同用户的真实反馈。猫砂盆到家后更不能着急给猫用，应该自己先进行一些简单的安全性测试。

当然，更稳妥的方法是铲屎官在家时可开启自动功能。没有人监护时，建议将它作为一个普通的猫砂盆使用。

6. 猫砂盆的清洗

前面提到，考虑到气味因素，全封闭式的猫砂盆和全开放式的猫砂盆在清洁频率上，对于主人的要求会更高。但其他猫砂盆的清洁同样也不能忽略，猫砂盆的卫生程度不仅仅会影响猫咪的情绪，也可能会影响猫咪的身体健康。

一般建议大家每隔 1~2 周就对猫砂盆进行彻底的消毒清洁，这只是一个参考，具体周期应该根据猫咪的数量以及使用的猫砂量等实际状况适当缩短或延长。

● 猫砂盆的清洁问题同样重要

　　注意，每次彻底消毒清洁的时候，需要将猫砂整盆彻底更换一次，用清水或洗涤剂将盆内外彻底清洗干净，并且擦干或者自然晾干。如果有额外的消毒需求，注意使用对猫咪友好的消毒剂。

铲屎官
温馨提示

　　本章介绍了如何对猫进行日常照护，从给猫剪指甲的频率到如何选择合适的洗澡方式、如何给猫正确地美毛、刷牙的频率、猫砂的选择等，了解这些基本上已经算初步入门猫的基础照护了。同时需要注意的是，每一只猫的照护要基于猫本身的需求，这些就需要各位针对性地补充学习了。

第**9**章

猫的常见疾病判断与预防

  本章我们会带大家初步判断和预防猫的常见病，包括如何初步判断猫可能存在某种病的相关症状，以及如何选择正规的宠物医院，怎样进行体检，这些对于新手主人来说非常重要。早体检、早发现、早治疗，人是这样，猫也同样，希望大家养成每年带猫做一次有效体检的习惯。

  本章的内容有一些难度，需要慢慢消化，如果看第一遍觉得很难理解，那不妨当作工具书，当碰到了某些症状时再来翻阅可能效果更佳。但如何体检和如何选正规宠物医院请大家要先行阅读！

第1节

如何选择正规的宠物医院

为了避免耽误猫的病情、避免浪费金钱，选择一家正规的宠物医院非常重要。

根据《中华人民共和国动物防疫法》《动物诊疗机构管理办法》，正规的宠物医院必须有 3 名注册在案的执业兽医师（宠物诊所仅需 1 名执业兽医师），并具备兽医行政主管部门颁发的《动物诊疗许可证》。在此执业的兽医师的执业证书与《动物诊疗许可证》必须悬挂在医院内的显著位置。

● 正规的宠物医院必须有 3 名注册在案的执业兽医师，并具备《动物诊疗许可证》

在猫咪到家前，我们可以先挑选几间合适的宠物医院，除了要正规，还要考虑医院的口碑、位置、是否提供 24 小时急诊等，以便在发生紧急情况时猫能够迅速得到很好的治疗。

● 宠物医院

体　检

　　猫咪是天生的伪装大师，它们善于隐藏痛苦，而当代人工作繁忙，能够陪伴猫咪的时间有限，往往不易从短暂的相处时间中察觉它们患病的迹象。定期体检能够帮助我们获得猫咪健康状况的准确信息，及时发现并预防疾病。

● 体检能够帮助我们及时
　获知猫咪的健康信息

🐱 体检频率

对于不同年龄阶段及不同情况的猫咪，体检的频率有所不同：幼猫在带回家前建议进行系统的体检，尤其是家有其他猫的情况下，务必确认新成员的健康状况，避免携带传染性疾病；健康成年猫建议每年体检1次，如有糖尿病、慢性肾病或其他疾病，建议提高体检的频率；而老年猫身体机能慢慢退化，建议每年进行1～2次体检。

懵懂无知幼年期 1岁以内	1 MONTH 3 MONTHS 6 MONTHS	带回家前建议进行系统的体检
精力充沛青年期 1～6岁	1 YEAR 2 YEARS 3 YEARS 4 YEARS 6 YEARS	建议每年体检1次
成熟稳重 中年期 7～10岁	7 YEARS 8 YEARS 9 YEARS 10 YEARS	
慈眉善目老年期 10岁以上	11 YEARS 12 YEARS 13 YEARS 14 YEARS 15 YEARS 16 YEARS 17 YEARS 18 YEARS 19 YEARS 20 YEARS 21 YEARS 25 YEARS	建议每年进行1～2次体检

● 猫咪不同年龄段、不同情况的体检建议

🐱 常规体检项目

常规体检项目包含体格检查、血常规检查、生化检查、T4（总甲状腺素）检查、影像学检查、粪便检查、尿液检查、病毒检查等，详细介绍如下。

1. 体格检查： 主要观察猫咪的精神状态，看眼睛、耳朵、鼻子、口腔是否有异常，皮肤是否有炎症，是否有过多的皮屑，肛门是否干净，除此之外，体格检查还包括测量体温、心肺听诊、肌肉和骨骼检查。

猫咪体格检查数值参考表

名称	参考值
猫的直肠正常温度范围	38.1～39.2℃
猫的静息心率	120～180次/分钟
猫的静息呼吸速率	16～40次/分钟

2. 血常规检查： 血液是由液体成分的血浆和悬浮于血浆中的红细胞、白细胞和血小板组成的，血常规检查即对血液中的红细胞、白细胞、血小板及其他固定成分的检验，可以判定机体状态，是否存在感染、脱水、凝血不良等情况。除此之外，定期体检并记录血常规的信息能够对比各指标的变化，当猫在未来就诊时，这些数据能够帮助解读更多信息。

动物类型: 猫　　　　　　　　　　　　诊断:

参数	中文参数名		结果	单位	参考值	低　正常　高
WBC	白细胞数目		6.76	10^9/L	5.50 - 19.50	
Neu#	中性粒细胞数目	L	2.41	10^9/L	3.12 - 12.58	
Lym#	淋巴细胞数目		3.86	10^9/L	0.73 - 7.86	
Mon#	单核细胞数目	L	0.04	10^9/L	0.07 - 1.36	
Eos#	嗜酸性粒细胞数目		0.45	10^9/L	0.06 - 1.93	
Bas#	嗜碱性粒细胞数目		0.00	10^9/l	0.00 - 0.12	
Neu%	中性粒细胞百分比	L	35.6	%	38.0 - 80.0	
Lym%	淋巴细胞百分比	H	57.1	%	12.0 - 45.0	
Mon%	单核细胞百分比	L	0.6	%	1.0 - 8.0	
Eos%	嗜酸性粒细胞百分比		6.7	%	1.0 - 11.0	
Bas%	嗜碱性粒细胞百分比		0.0	%	0.0 - 1.2	
RBC	红细胞数目	H	11.50	10^12/L	4.60 - 10.20	
HGB	血红蛋白	H	174	g/l	85 - 153	
HCT	红细胞压积	H	56.8	%	26.0 - 47.0	
MCV	平均红细胞体积		49.4	fl	38.0 - 54.0	
MCH	平均红细胞血红蛋白含量		15.1	pg	11.8 - 18.0	
MCHC	平均红细胞血红蛋白浓度		306		290 - 360	
RDW-CV	红细胞分布宽度变异系数		17.9	%	16.0 - 23.0	
RDW-SD	红细胞分布宽度标准差		36.0	fL	26.4 - 43.1	
PLT	血小板数目		184	10^9/L	100 - 518	
MPV	平均血小板体积	L	9.4	fL	9.9 - 16.3	
PDW	血小板分布宽度		15.4		12.0 - 17.5	
PCT	血小板压积		0.181	%	0.090 - 0.700	

中性粒细胞减少　　　　　　红细胞增加

● 血常规检测（图片来自卡拉宠物医院）

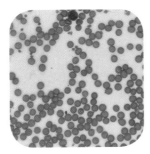

● 正常血涂片（图片来自卡拉宠物医院）

巴贝斯

● 异常血涂片（巴贝斯感染）（图片来
自卡拉宠物医院）

3. 生化检查： 通过对血液多种生化指标的分析,可评估重要器官(肝脏、肾脏、胰腺等)的功能情况,评估大致的营养、免疫和内分泌情况。一些疾病可能导致生化指标出现异常,这时候需要配合其他检查,如腹部超声、心脏超声等联合判定。

Name	Unit	Min	Max	Result	
血糖 (GLU)	mg/dL	70	143	78	NORMAL
SDMA		0	14	11	NORMAL
肌酐 (CREA)	mg/dL	0.5	1.8	1	NORMAL
血清素氮 (BUN, UREA)	mg/dL	7	27	14	NORMAL
血尿素氮/肌酐比 (BUN/CREA)				14	
无机磷 (PHOS)	mg/dL	2.5	6.8	3.2	NORMAL
钙[Ca]	mg/dL	7.9	12	9.3	NORMAL
总蛋白 (TP)	g/L	5.2	8.2	6.1	NORMAL
白蛋白 (ALB)	g/L	2.2	3.9	2.6	NORMAL
球蛋白 (GLOB)	g/L	2.5	4.5	3.5	NORMAL
白蛋白/球蛋白比 (ALB·GLOB)				0.7	
丙氨酸转移酶 (ALT)	U/L	10	100	36	NORMAL
碱性磷酸酶 (ALKP)	U/L	23	212	30	NORMAL
氨马谷氨酰胺转肽酶 (GGT)	U/L	0	7	0	NORMAL
总胆红素 (TBIL)	mg/dL	0	0.9	<0.1	UNDER

Printed : 2021/1/12 17:23:18 — Page 7 of 8

胆固醇 (CHOL)	mg/dL	110	320	151	NORMAL
淀粉酶 (AMYL)	U/L	500	1500	379	LOW
脂肪酶 (LIPA)	U/L	200	1800	493	NORMAL
T4	ug/dL	1	4	2.5	NORMAL

● 生化检查（图片来自卡拉宠物医院）

4. T4（总甲状腺素）检查： 猫甲状腺功能亢进是一种常见的内分泌疾病,尤其是老年猫,症状常常表现为体重减轻、兴奋、大量掉毛、多饮多食、多尿、呕吐。由于甲亢是一种发病率较高却常常被忽略的疾病,建议有临床症状的猫进行 T4 检查,另外,老年猫也建议在体检项目中加入 T4 检查。

5. 影像学检查： 主要包括 B 型超声检查、X 线、磁共振成像检查（MRI）、计算机断层扫描检查（CT）。

▶ 全腹部超声检查：能够获得猫内部器官清晰的各种切面图像,常

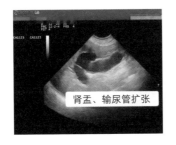
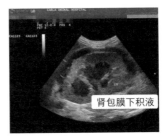

肾盂、输尿管扩张

肾包膜下积液

● 腹部超声检查（图片来自卡拉宠物医院）

常用于膀胱、肾脏、肝脏、胆囊、脾脏、胰腺等脏器疾病的诊断；

▶ 心脏超声检查：可以直观地检查心脏内部结构变化，是评估心脏功能的金标准；

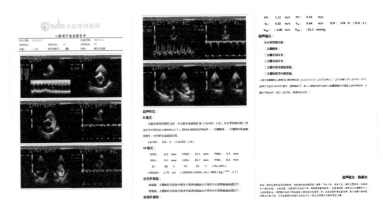

● 心脏超声检查（图片来自卡拉宠物医院）

▶ X线检查：小动物医学领域最常用的影像技术，可用于观察猫的呼吸系统、消化系统、泌尿生殖系统、运动系统与神经系统，排查骨骼疾病、关节疾病、肿瘤、结石及组织异常等情况，尤其建议对步态异常（比如走路一瘸一拐）或特殊品种（折耳猫、矮脚猫）进行X线检查；

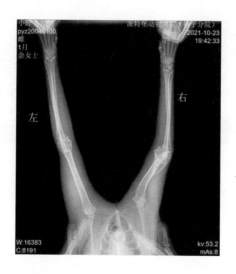

● X 线检查（图片来自卡拉宠物医院）

▶ CT/MRI：CT 与 MRI 的费用较高，且需要镇静或麻醉，一般不纳入常规体检项目，但如果 X 线片中发现了病变或出现神经系统方面的异常，可能需要做 CT 或 MRI 等高阶影像学检查进一步确诊。

6. 粪便检查：根据粪便的状态，判断肠道菌群活力、有无寄生虫感染、消化系统的功能状态等，当猫出现呕吐、腹泻、便血时，粪便检查是非常有必要的。

7. 尿液检查：包括尿液物理性质、尿液化学性质和尿沉渣的检查，健康猫的尿液通常为淡黄色、黄色或琥珀色，而病理情况下可能会出现暗黄色、橘黄色、棕红色。对尿液进行检验分析，有助于及早发现肾病、泌尿系统疾病、糖尿病等。

8. 病毒检查：将有流浪史的猫带回家前，建议筛查猫泛白细胞减少症（猫瘟）、猫艾滋与猫白血病。

9. 其他检查：BNP 检查、SDMA 检查、UPC 检查、血压检查。

体检项目的选择

不同年龄段猫咪体检的侧重点不同，幼猫或有流浪史的猫重点在于确认健康状态，避免携带传染病；成年猫的重点在于记录健康状况的准确信息，建立数据库；老年猫多发关节病、内分泌疾病、心脏病、肿瘤等，体检的重点在于尽早发现疾病和预防疾病。

不同年龄段体检的侧重点

幼猫、有流浪史的猫	确认健康状态，避免携带传染病
成年猫	记录健康状况，建立数据库
老年猫	尽早发现疾病和预防疾病

● 不同年龄段猫咪体检的侧重点不同

体检的项目越多，能够掌握的健康信息越多，但价格也越昂贵，大家可以根据猫的身体状况、年龄及自身经济条件选择适合的体检项目。

猫咪不同状况体检项目建议表

项目名称	不差钱、老年猫	省点钱、成年猫	幼猫、有流浪史的猫
体格检查	√	√	√
血常规检查	√		√
生化检查	√	√	
全腹超声检查	√	√	
心脏超声	√	√	
X线检查	√		
尿液检查	√		
粪便检查	√	√	√
传染病筛查			√
T4检查	√		
SDMA	√		
UPC	√		
血压检查	√		

疫　苗

疫苗对于猫咪非常重要，它能提高猫咪免疫力、预防感染、促进病后恢复。疫苗的知识对于负责的主人来说是不可或缺的，下面就给大家介绍疫苗的相关知识与推荐种类。

疫苗的重要性

疫苗是一种必要且经济的传染病控制方法，它的工作原理简单说就是"模仿感染"，让机体的免疫系统记住特定病原体，当未来真正遇到该病原体时，能够激活识别这些病原体的细胞，使得免疫系统能更好地保护身体，有助于预防感染或减轻感染，促进快速恢复。

🐈 该打什么疫苗

关于猫的疫苗可以分为核心疫苗、非核心疫苗和一般不推荐疫苗。核心疫苗针对的疾病发病率、死亡率高，适用于所有免疫史未知的猫，即所有猫都应当接种；非核心疫苗可根据暴露风险考虑是否选择接种；一般不推荐临床有效证据较少或副作用较大的疫苗。

根据2020AAHA/AAFP猫免疫接种指南及其他资料整理了以下核心疫苗建议表。

核心疫苗建议表

核心疫苗				
疫苗	4个月以内的幼猫首免	4个月以上的猫首免	加强疫苗	备注
猫泛白细胞减少症（猫瘟）FPV 猫疱疹病毒FHV-1 猫杯状病毒FCV	首次接种疫苗不应小于6周龄，每隔3～4周接种一次，直至16～20周龄	2针疫苗，间隔3～4周	若幼猫在免疫最后一针时仍有母源抗体，则考虑在6月龄加强免疫；之后接种频率不应超过每3年1次	1.在接种疫苗前确认猫是健康的，无呕吐、腹泻或其他症状； 2.在正规宠物医院或防疫站注射疫苗，切勿购买渠道不明的疫苗，不建议自行注射
狂犬病	首次接种疫苗不应小于12周，接种频率根据产品许可及当地法律、条例决定			

表格很复杂？没关系，你只需要记住"猫三联"，这是一种联合疫苗，一针三防，防的即是猫泛白细胞减少症（猫瘟）、猫疱疹病毒与猫杯状病毒，目前国内唯一合法注册的猫三联疫苗只有妙三多，选择它就可以啦。

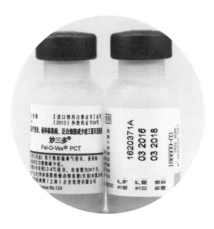

● 妙三多灭活疫苗

非核心疫苗、一般不推荐疫苗建议表

非核心疫苗	猫白血病病毒（低风险成年猫的非核心疫苗）
	猫免疫缺陷病毒
	猫披衣菌
	支气管炎博代氏杆菌
一般不推荐疫苗	猫传染性腹膜炎

疫苗注射并非零风险，但与疫苗相关的不良反应都是轻微的、短暂的，通常在免疫接种后几天出现，症状包括嗜睡、厌食和发热。

🐱 抗体检测

　　值得注意的是，打了疫苗不代表 100% 不生病，猫免疫失败的原因包括母源抗体干扰（过早地接种疫苗可能导致免疫接种反应不佳）、先天性或获得性免疫缺陷、营养不良、疫苗接种时间间隔太短、慢性应激、疫苗质量不佳等。因此，建议使用抗体检测确认免疫是否成功，主要是确认猫瘟抗体是否存在。

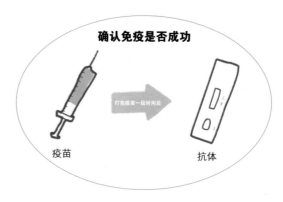

确认免疫是否成功

打完疫苗一段时间后

疫苗　　　　　　　　　　　抗体

● 抗体检测可确认免疫是否成功

猫咪常见病与症状

了解猫的常见病，以及初步判断猫可能存在某种病的相关症状，对大家来说非常重要，建议大家提前阅读，做到有一定的印象，万一猫不慎有相关症状时，能及时判断，做出明智的决定。

呕吐

猫呕吐是很常见的问题，但这并不是正常现象。

常见呕吐情况

毛，毛球

完全未消化的食物

半消化食物

白色泡沫或黄水

寄生虫

异物（塑料袋、线等）

● 猫咪常见呕吐情况对照表

按照呕吐物分类，日常常见的有以下几种情况。

猫咪呕吐物情况分析表

呕吐物	情况分析
毛、毛球	偶尔吐毛属于正常现象 建议：适当喂食猫草、猫草片；勤梳毛
完全未消化的食物	进食太快或太多 建议：可尝试少量多餐，或使用慢食碗
半消化食物	食物不耐受，通常伴随腹泻 建议：选择低敏主食 换粮未过渡或过渡时间较短 建议：可喂食益生菌
白色泡沫或黄水	较长时间未进食后出现 建议：增加喂食次数或留下足够的食物
寄生虫	常见于流浪猫或长时间未驱虫的猫，常伴随体重减轻、毛发粗糙、腹泻 建议：按时驱虫，前往医院进行粪便检查
异物（塑料袋、线等）	误食 建议：尽快前往医院进行X线检查

除了以上情况，呕吐还可能与胃肠道或胃肠道外疾病相关，若频繁呕吐、呕吐量大、呕吐物恶臭，或伴有腹痛、体重下降、黑粪、便血、多饮多尿等症状，建议及时就医。

软便、腹泻

软便、腹泻指的是粪便的水分异常增加、黏稠度下降，这个看似不起眼的症状困扰着许多宠物主人，导致软便、腹泻的原因非常多。

猫咪腹泻情况分析表

胃肠外	胃肠道
胰腺外分泌机能不全	食物过敏、食物不耐受
胃肠外肿瘤	传染病
猫白血病病毒或猫免疫缺陷病毒相关的疾病	寄生虫病
肝脏疾病	肿瘤
甲状腺功能亢进	炎性肠病
肾衰	非特异性结肠炎

由于食物不耐受导致的软便可考虑更换低敏主食，即蛋白质来源单一的饮食；此外，益生菌或许有一定的帮助，优先考虑布拉迪酵母；蒙脱石散可以用于应急，但使用前建议询问兽医。

若属于以下情况，建议及时就医。

▶ 幼猫与老年猫；

▶ 未按时驱虫；

▶ 未接种疫苗；

▶ 便血；

▶ 精神状态不佳；

▶ 腹痛（触摸腹部，猫非常抗拒）；

▶ 脱水（皮肤弹性差）；

▶ 伴随呕吐、厌食、嗜睡、发热。

便秘

大多数猫咪的排便频率为 1～2 天 / 次，当猫咪 3 天以上没有排便，或排便时间延长（趴在猫砂盆休息或在猫砂盆玩耍不算），同时发出痛苦的哀号，粑粑又干又硬时，基本属于便秘。导致便秘的原因包括环境（无猫砂盆、更换猫砂种类或品牌、换新环境、猫砂盆未及时清理、缺乏运动）、疼痛、疾病、药物、阻塞（毛球、异物）等。

猫轻度便秘（初次发生或大部分时间排便正常偶尔便秘）时，大家可尝试：将南瓜蒸煮后喂食或将其与黄油以 2 : 1 的比例混合喂食；洋车前子壳（泡水后喂食）；猫草片；增加饮水量；乳果糖（建议在医生的指导下使用）。若使用以上方法并无好转，则需前往医院通过查体、X线检查等确认便秘原因。

🐈 咳嗽

狗常常因为心脏疾病而咳嗽，而猫并不会这样，对于猫而言，咳嗽是非常罕见的。一旦发现猫出现蹲伏着咳嗽的情况，应及时就医，胸部 X 线片是必要的，主要用于判断是否出现哮喘、胸腔积液、心丝虫疾病、支气管疾病，其他辅助诊断可能包括血常规、支气管肺泡灌洗、粪检等。

● 对于猫而言咳嗽非常罕见，需及时就医

🐈 泌尿系统疾病

猫的泌尿系统包括肾脏、输尿管、膀胱与尿道，其工作方式可以理解为肾脏制造尿液，尿液通过输尿管到达膀胱，膀胱负责短暂地储存尿液，积攒到一定程度后，产生尿意，尿液经尿道排出。

泌尿系统的功能很多，主要功能包括排泄代谢废物；调控水分和电解质代谢；维护酸碱平衡；使维生素 D 转变成其活性形式，帮助钙的吸收；合成红细胞生成素，刺激骨髓造血；产生肾素，调整血压和钠的重吸收等。

当泌尿系统的这些器官发生疾病时，可能会出现尿频、尿血、多饮多尿、厌食、呕吐等非特异性症状。慢性肾病、特发性膀胱炎、泌尿道结石都是猫比较常见的泌尿系统疾病。

慢性肾病

慢性肾病（Chronic Kidney Disease，CKD）是一种常见的猫科疾病，据估计，整体患病率为1%~3%，从五六岁开始，随着猫年龄的增加，发病率逐渐提高。英国一项关于伴侣动物寿命的研究显示，慢性肾病是5岁以上的猫最常见的死亡原因（占13.6%）。

猫的单侧或双侧肾脏存在（病程持续超过3个月）结构和功能异常，则可被定义为慢性肾病，绝大多数慢性肾病是不可逆的，一旦发病就会不断发展。

● 猫善于伪装病情，很容易导致病情延误

需要注意的是，肾脏具有强大的储备功能，25%的正常肾组织即能维持猫基本的生活质量，在肾脏功能流失75%之前，主人很难从日常生活中察觉到猫的异样。慢性肾病常常潜伏数月甚至数年才出现临床症状，再加上猫耐痛能力较强，即使生病也不显病态，如果没有定期体检，我们可能得到很后期才发现猫咪生病了。

1. 猫为什么会得慢性肾病

很遗憾，我们通常无法找到诱发慢性肾病的直接原因，因为猫咪的肾脏在发育完全后就开始应对代谢废物的排出；潜在的病毒感染、肾毒性药物等都会导致肾单位的流失，目前研究确定与猫慢性肾病相关的因素可能包括品种、年龄、饮食、药物、部分疾病等，具体情况如下。

● 慢性肾病高发于老年猫

- ▶ 品种：某些品种猫患慢性肾病的风险更高，这些品种包括缅因猫、阿比西尼亚猫、暹罗猫、俄罗斯蓝猫、缅甸猫；

- ▶ 年龄：慢性肾病高发于老年猫，一定程度上被认为是与年龄相关的老化过程造成的；

- ▶ 饮食：肾脏通过调节肾小管对磷的重吸收和排泄从而维持磷平衡，随着肾脏功能的流失，排泄磷的能力也会逐渐降低。一些研究认为，饮食因素与慢性肾病的发展进程相关，磷摄入过高可能导致肾脏损伤，因此，慢性肾病猫需要控磷已成为共识；

- ▶ 药物：使用非甾体抗炎药、氨基糖苷类抗生素、两性霉素 B、环磷酰胺等具有肾毒性的药物会导致肾脏损伤；

- ▶ 疾病：慢性肾小管间质肾炎、慢性肾盂肾炎、慢性肾小球肾炎、淀粉样病变、多囊肾、高钙血症性肾病、阻塞性泌尿道疾病、猫传腹、高血压、糖尿病等都被认为是慢性肾病的潜在病因。

除此之外，猫三联疫苗是利用猫肾脏细胞进行病毒培养的，过度接种疫苗可能会伤害肾脏细胞（注意这里重点是"过度接种"，合理接种疫苗是有必要的），还有研究显示，慢性牙周病是猫慢性肾病的危险因子之一。

2. 肾脏的检查

猫慢性肾病的临床症状包括多饮、多尿、体重减轻、食欲下降、不愿意活动、不愿意舔毛、毛发失去光泽、口臭、精神状态不佳。

● 猫咪精神不佳或是慢性肾病的临床症状

出现以上症状时，兽医会怀疑猫患有慢性肾病，进一步的确诊则需要了解完整的病史，进行体格检查（包括触诊、视诊、听诊、嗅诊）、血压检查、血常规检查、生化检查、尿液检查、影像学检查。

● 对猫咪进行抽血检测

这些检查项目在体检章节简单介绍过，这里主要再解释一下体检报告中与肾脏有密切关系的部分，这样大家拿到报告时就不会一头雾水了。

（1）血常规检查

肾脏的功能包括合成红细胞生成素，刺激骨髓进行造血。当猫患肾病时，则会因为红细胞生成素分泌不足导致贫血，判断贫血程度的依据是血常规检查（主要看红细胞比容、体积、数量单项）。需要注意一点，当猫出现脱水症状时，会影响血常规检测结果的判读。

尿素氮（BUN）

血中尿素氮是蛋白质代谢的废弃产物，是评估肾脏功能的指标之一。当肾脏功能不足时，血中尿素氮水平升高，不过该值升高并不意味着肾脏一定出现问题，它还会受到蛋白质摄入量、肝功能、尿液流速等非肾因素的影响，因此，不能仅根据BUN数据评估肾脏功能。

● 猫咪进行体检

肌酐（Crea）

猫咪每天行走、跳跃、攀爬都需要使用肌肉，肌酐则是肌肉利用肌酸作为能量来源时产生的代谢废物。肌酐的排泄主要通过肾脏，因此，肌酐也是评估肾脏功能的指标之一，并且相较于血中尿素氮，肌酐是更好的指标，因为它很少受到非肾因素影响。不过，在判读肌酐浓度时，需要考虑猫的年龄、性别、身材（肌肉含量）以及水合状态，除此之外，肌酐的参考范围较宽，一般情况下，在丧失75%的肾脏功能下，它的值才可能高出参考范围，这会出现一种状况：肌酐数值是正常的，其实肾脏功能已经受损了。

对称二甲基精氨酸（SDMA）

SDMA是一种比较新的评估肾脏功能的指标，可以作为猫肾病早期检测的生化指标之一，但由于其特异性，还需要更多的研究证实，无法作为精准的指标评估肾脏功能，需要结合其他检查结果综合判断。

Catalyst One*

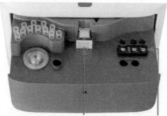

Catalyst Dx*

SDMA 试剂片　试剂套组　SDMA 试剂片　　试剂套组

● SDMA 检测（图片来自 idexx 官网）

钾

如果猫患慢性肾病，则因肾脏功能流失，无法浓缩尿液，造成尿量增多，钾离子随尿液排出，从而导致低血钾。

钙

低血钙通常在慢性肾病的初期出现。肾脏的功能包括使维生素 D 转变成其活性形式，帮助钙的吸收，若肾脏功能出现问题，则无法使维生素 D 转化成钙三醇，小肠就无法很好地吸收钙。

磷

磷是猫必需的矿物质营养素，广泛存在于肉类中，与蛋白质的含量有一定的关系。随着猫慢性肾病的发展，肾小球过滤率下降，排泄磷的能力降低，就会导致血液中磷酸盐浓度上升，也就是高血磷。

（3）尿液检查

尿液中蛋白质与肌酐的比值（UPCR）

蛋白尿与肾病严重程度、尿毒症、氮质血症及患猫的存活时间显著相关，而 UPCR 即用于判断猫咪蛋白尿的严重程度，同时，持续检测 UPCR 有助于监测慢性肾病的发展进程、评估治疗效果，对于慢性肾病预后有积极意义。

尿比重（USG）

当猫咪的肾脏功能出现问题，浓缩尿液的功能逐渐下降，会出现多饮多尿的现象，尿比重即用于判断猫咪浓缩尿液的能力。

（4）影像学检查

X 线检查能够观察肾脏的数目、大小的改变、形态轮廓、发现泌尿系统结石；超声波检查则可测定肾脏的大小、位置、形态以及内部结构。

3. 慢性肾病的分期

根据前文的介绍，大家大概可以了解，我们无法通过某个单一的指标判断猫是否患慢性肾病，而是要通过多项指标综合考虑。国际肾病研究学会（International Renal Interest Society，IRIS）根据空腹血液肌酐浓度、空腹血液 SDMA、是否有蛋白尿、血压制订了一套犬猫慢性肾病诊断指南。

猫慢性肾病的分期主要依据是空腹血液肌酐和空腹血液 SMDA，应在水合良好的状态下评估两次。需要注意的是，即使处于同一分期，不同猫咪的状态可能有很大的区别，此时可再依据 UPCR 和血压进行亚分期。

猫慢性肾病的分期依据表

选项	第一期 无氮质血症 （肌酐值正常）	第二期 轻微氮质血症 （肌酐值正常或轻度升高）	第三期 中度氮质血症	第四期 严重氮质血症
肌酐 (mg/dL)	<1.6	1.6~2.8	2.9~5.0	>5.0
SDMA （μg/dL）	<18	18~25	26~38	>38
亚分期				
UPCR	无蛋白尿<0.2 蛋白尿边缘0.2~0.4 蛋白尿>0.4			
血压 （mm Hg）	正常血压<140 高血压前期140~159 高血压160~179 严重高血压 ≥180			

（参考猫慢性肾病 IRIS2023 最新分期指南）

˙˙铲屎官
温馨提示

注意以下几种情况。

① 当 SDMA 持续高于 14μg/dL，意味着肾脏功能减退，即使肌酐值小于 1.6mg/dL，也应考虑 IRIS 慢性肾病第一期；

②处于 IRIS 慢性肾病第二期、体况较差的猫，若 SDMA ≥ 25μg/dL，则意味着慢性肾病病情可能被低估，建议作为 IRIS 慢性肾病第三期治疗；

③处于 IRIS 慢性肾病第三期、体况较差的猫，若 SDMA ≥ 38μg/dL，则意味着慢性肾病病情可能被低估，建议作为 IRIS 慢性肾病第四期治疗。

顾名思义，慢性肾病是一个慢性病，在确诊后需要通过定期复诊检测病情，处于第一期的猫咪建议每半年至一年复诊一次，处于第二期的猫咪建议每三至六个月复诊一次，处于第三期的猫咪建议每二至四个月复诊一次。当猫咪处于慢性肾病四期时，此时猫肾脏的功能所剩无几，很多情况下需要住院治疗，具体复诊频率视猫状况与主治医生建议而定。

猫咪不同时期慢性肾病注意事项表

	注意事项
第一期	1.谨慎使用肾毒性药物，比如非甾体抗炎药、氨基糖苷类抗生素、两性霉素B、环磷酰胺，除此之外，猫粮中偶有出现的黄曲霉毒素也会损伤肾脏； 2.增加猫咪的饮水量，经济条件允许的话建议选择高蛋白、高含水量主食； 3.适当控制食物中磷的含量，血磷值控制在4.6mg/dL以下； 4.定期复诊，检测肌酐、SDMA等指标的发展情况
第二期	大致与第一期相同，若猫出现厌食，容易引起低血钾，需要补钾（口服或输液），待猫重新正常进食，血液中钾离子浓度恢复正常后就不需要再补充
第三期	1.严格限制蛋白质与磷的摄入（可考虑肾脏处方粮），血磷值控制在5.0mg/dL以下，此时可能需要考虑肠道磷离子结合剂，临床上常用的包括氢氧化铝、钙盐、碳酸镧、保肾新等，注意磷离子结合剂需要和食物混合服用； 2.在这阶段，可能会出现尿毒症状，包括呕吐、厌食，需要通过止吐剂、胃酸抑制剂、胃黏膜保护剂、食欲促进剂等进行治疗。若猫经过治疗，情况依然无法改善，猫仍然无法获取足够的营养与热量，则需要考虑短期使用鼻饲管或食道喂食管； 3.若出现脱水症状，则需要输液，补充水分及电解质，常见的方式包括皮下输液和静脉输液，输液量根据兽医对猫脱水程度的判断而定，输液的同时密切关注猫的状态，避免水合过度

续表

注意事项	
第四期	严格限制蛋白质与磷的摄入，血磷值控制在6.0mg/dL以下，此时光靠肾脏处方粮或许无法控制血磷浓度，必须配合肠道磷离子结合剂，避免肾脏的钙化性伤害。在此阶段，猫咪的肾脏功能只剩下10%甚至更低，食欲严重减退，消瘦，可能需要考虑放置喂食管。另外出现脱水、代谢性酸中毒、低血钾、贫血时需及时送医，对症治疗

4. 如何保护肾脏

肾脏对于猫咪而言是个非常重要的器官，承担着排泄代谢废物与重吸收各种营养物质的重任，一旦肾单元出现损伤就是不可逆的，无法修补。

对于猫慢性肾病，我们能做的只有延缓病情的发展，改善临床症状，提高猫咪的生活质量，尽量延长猫咪的存活时间。

在日常生活中，我们应做好以下几点，保护猫咪的肾脏。

（1）保证猫咪的饮水量，尽可能为猫咪提供高含水量主食；

（2）关注口腔健康，每日刷牙，建议一年进行一次口腔检查；

（3）当你观察到猫咪饮水量突然增多、尿量增多、尿液颜色变浅、尿味变淡、体重减轻时，就需要留个心眼了，这可能是慢性肾病的症状，建议及时检查，另外定期检查也是早期发现肾病的重要途径。

🐾 下泌尿道疾病

当我们突然在猫砂盆中发现带血的尿团时，不免六神无主、手忙脚乱。

● 当猫咪出现泌尿疾病症状

下泌尿道疾病是猫咪常见的疾病之一，常见的表现包括排尿困难（排尿时发出痛苦的嚎叫）、少量排尿的同时排尿次数增加、尿血、突然乱尿（在猫砂盆之外的地方尿）、频繁舔生殖器。这些症状可能出现在猫特发性膀胱炎、细菌性或真菌性膀胱炎、尿道阻塞、尿石症、前列腺炎（公猫）、泌尿道肿瘤等许多疾病中，因此兽医也没法仅通过症状就判断具体是什么病，还需要鉴别诊断。

1. 诊断

（1）尿液分析：对于可能患下泌尿道疾病的猫咪，尿液分析是诊断的重要依据，完整的尿液分析包括颜色、气味、浑浊度、体积、pH 值、比重、蛋白质、葡萄糖、酮类、血液、红细胞、白细胞、上皮细胞、结晶等，需要特别关注的是有没有结晶（结晶不等于结石），尿比重和 pH 值则有助于评估猫膀胱内的化学环境，判断是何种类型的结石，草酸钙结石通常在 pH 值低于 7.0 时形成，而鸟粪石结石则通常在 pH 值高于 7.0 时形成。

（2）影像学检查：X 线检查、腹部超声检查、双重对比膀胱造影技术。

（3）尿液培养：细菌性膀胱炎在年轻猫中并不常见，但它却是老年猫的常见疾病，因此当老年猫出现排尿困难等下泌尿道疾病的常见临床症状时，建议做尿液培养。

通过以上检查，兽医基本可以诊断导致排尿困难、尿频、尿血等症状的潜在疾病，其中尿石症（尿结石）和猫特发性膀胱炎比较多见。

2. 尿石症

猫的泌尿系统任意部分都可能发生结石，其中发生在下泌尿道的膀胱结石和尿道结石更常见，临床症状包括排尿困难、尿血、尿频等，而上泌尿道结石（肾结石和输尿管结石）占猫结石的一小部分，并且通常无临床症状，往往是在做其他检查时意外发现的。

尿结石主要由一种或多种矿物质及少量有机基质组成，当结石由 70% 以上同一种类矿物质组成时，就会以这种矿物质命名，确定尿结石的成分很重要，它是针对性治疗、营养管理和防止复发的关键。

磷酸铵镁（鸟粪石）结石和草酸钙结石是猫常见的尿结石种类，除此之外，偶尔还会出现尿酸盐结石、黄嘌呤结石、胱氨酸结石。

磷酸铵镁（鸟粪石）结石

草酸钙结石

● 猫咪尿结石常见种类图

（1）磷酸铵镁（鸟粪石）

鸟粪石结晶是猫狗尿石症最常见的病因，猫狗之间最大的区别是：狗的鸟粪石常见于泌尿感染，属于感染引起的鸟粪石；而猫的大多数鸟粪石与泌尿道感染无关，属于无菌性鸟粪石，通常发生在猫1~8岁时期。

大部分猫对泌尿道的细菌具有抵抗力，因感染引起的鸟粪石相对少一些，一般出现在1岁以下的年轻猫和10岁以上的老年猫，是由于葡萄球菌属、肠球菌属或变形杆菌属产生脲酶引起的。

猫鸟粪石的形成与许多因素有关：

①尿液中镁、铵、磷浓度足够高。

②这些矿物质在泌尿道存留的时间足够长，足以形成结晶，换句话说，水分摄入不足导致尿量减少是猫尿石症重要的风险因素。

● 鸟粪石结晶图

● 猫咪鸟粪石药物

③尿液的 pH 值环境。正常猫的尿液一般呈酸性，pH 值为 6.0~6.5，而当尿液 pH 值在 7.0 以上时，利于鸟粪石的形成，尿液 pH 值 ≤ 6.6 时，鸟粪石溶解。

一般来说，猫无菌性鸟粪石不需要通过手术摘除，大部分都可以通过药物（尿液酸化剂）溶解，根据结石的大小和数量，可能需要 5 ～ 7 周。小部分感染引起的鸟粪石还需要依据细菌培养及药敏试验，选择适合的抗生素进行治疗。值得注意的是，鸟粪石比较容易复发，康复之后的营养管理是防止鸟粪石复发的关键。

（2）预防与防止鸟粪石复发的营养建议

①水分摄入不足导致尿量减少是猫尿石症重要的风险因素，因此，增加猫的饮水量对于防止鸟粪石复发很关键。增加饮水量包括喂食主食罐、主食冻干复水这种高含水量的主食；在家里的各个角落增加水碗，让猫更容易喝到水等。除此之外，还可以提供多样化的水（蒸馏水、白开水、矿泉水），选择不同的容器（大水碗、水杯、饮水机等），不同的猫有不同的偏好，多多尝试总能找到让猫更满意的喝水方式，另外大家还要记得在每日换水的同时清洁水碗哦。

②主食中的镁含量过高会增加形成鸟粪石的风险，建议选择镁含量适当（ ≤ 0.12% ）的主食。

③建议选择高动物蛋白的主食，因为肉类含有丰富的含硫氨基酸，提高动物蛋白的含量能够增加酸的排泄量，从而降低猫尿液的 pH 值，

可别忘啦，尿液 pH 值低于 6.6 时，有助于鸟粪石溶解。

④警惕过度酸化尿液的风险。尿液 pH 值保持低于 6.6 时能够防止鸟粪石结晶形成，但过度酸化尿液也会影响猫的健康，当酸的摄入量超过排放量，就会出现代谢性酸中毒和低血钾。另外，长期食用尿液酸化剂或高酸化饮食可能导致尿钙流失，尿液中的钙含量升高会增加草酸钙结石形成的风险。

预防与防止鸟粪石复发的营养建议

1. 增加猫的饮水量
2. 选择镁含量适当（≤0.12%）的主食
3. 选择高动物蛋白的主食
4. 不要长期食用尿液酸化剂或高酸化饮食

● 预防与防止猫咪鸟粪石复发的营养建议

（3）草酸钙结石

草酸钙结石是人类最常见的尿结石，在猫尿石症的早期研究中，草酸钙结石病例较少，大部分病例都是鸟粪石，直到 20 世纪 90 年代，草酸钙结石与鸟粪石的比例大致相当，这可能与为了预防鸟粪石大量使用过分酸化尿液的猫粮有关。

猫尿液中的钙和草酸盐过饱可能是导致草酸钙结石形成的原因，不

● 与鸟粪石不同，草酸钙结石需要通过外科手术摘除

过，由于猫尿液中草酸钙结石的形成十分复杂，目前尚未完全了解，已知的风险因素包括高钙血症、高钙尿症、代谢性酸中毒和长期服用尿路酸化剂（过分酸化尿液的饮食）。

草酸钙结石不同于鸟粪石，一旦形成后便无法溶解，需要通过外科手术摘除。另外，草酸钙结石复发率较高，即便手术摘除也需要结合饮食管理，预防复发。

（4）防止草酸钙结石复发的营养建议

①增加饮水量同样也是防止草酸钙结石复发的关键，这点很好理解，随着饮水量的增加，尿量增加，成石物质被稀释，抑制结石形成，同时，排尿频率变高，缩短成石物质在泌尿道滞留的时间。

②草酸钙结石通常在 pH 值低于 7.0 时形成，而常见的泌尿系统处方粮大多添加了尿液酸化剂（DL- 蛋氨酸），因此不建议选择。另外也不建议喂食酸化尿液的药物（氯化铵）。

③柠檬酸钾对猫尿液的 pH 值具有碱性作用，从尿液中排出时，柠檬酸会与钙结合，形成可溶复

● 柠檬酸钾可预防草酸钙结石复发

物，从而降低钙离子浓度，降低草酸钙结石形成的概率，因此，为了预防草酸钙结石复发，柠檬酸钾可作为药物或添加在猫的饮食当中。

猫特发性膀胱炎

1. 什么是猫特发性膀胱炎

猫特发性膀胱炎、细菌性或真菌性膀胱炎、尿道阻塞、尿石症、前列腺炎（公猫）、泌尿道肿瘤等许多泌尿系统疾病都会出现排尿困难、尿血、乱尿等非常相似的临床症状，因此需要鉴别诊断，当诊断不出确切病因时，就会被认为是猫特发性（间质性）膀胱炎。

猫特发性膀胱炎是 1～10 岁猫最常见的下泌尿道疾病，公猫和母猫无性别差异，不过由于公猫的尿道窄而长，尿道梗阻更常见于公猫。需要特别注意的是，如果尿流无法在 24～48 小时内恢复，可能导致急性尿毒而死亡，非常危险！

猫特发性膀胱炎的发病机制尚不清楚，根据已有的研究，可能与遗传、猫幼年时期的不良经历（比如过早地离开猫妈妈、奶瓶喂养、过早绝育）、肥胖、压力与应激、膀胱上皮异常、神经内分泌异常、病毒感染（猫杯状病毒、猫疱疹病毒等）、食物中灰分含量

● 猫咪的忍痛能力超强，需格外注意它们的状态

较高有关。

猫特发性膀胱炎是自限性疾病，大部分会在5～7天内自行缓解，但由于公猫可能会出现尿道梗阻，所以及时进行对症治疗是有必要的。

除此之外，猫咪的忍受能力超强，再加上善于伪装，常常会让人忽略了疼痛管理，它们在排尿困难时常常发出哀号，意味着"非常疼痛""忍不了啦"，此时，根据疼痛的严重程度，提供适合的镇痛药物能够让猫在当下舒适一些，提高动物福利。

2. 猫特发性膀胱炎的养护与预防

猫特发性膀胱炎的养护与预防措施如下。

（1）预防泌尿疾病的关键还是增加饮水量，猫特发性膀胱炎也不例外。增加饮水量的方式包括选择高含水量的主食（例如主食罐、主食冻干复水）、增加水碗等。

（2）肥胖被认为是猫特发性膀胱炎的危险因子，因此控制体重或减肥对于预防复发有积极的意义。

肥胖的本质是能量的摄取和消耗之间的不平衡，导致能量持续过剩，说白了就是：吃的≥用的，所以控制体重、减肥要做的就是控制摄入，同时增加消耗。

● 猫咪预防特发性膀胱炎需控制体重

减肥第一步：确定每日热量输入，即猫咪每天应该吃多少。计算方法有两种，家长可以根据情况选择。

①减少 20% 的热量摄入，这种算法很容易理解，比如原本每天吃 50g 干粮，减肥期间每天吃 40g，原本每天吃 200g 主食罐，减肥期间每天吃 160g 等，这种方法适合体重已经趋于稳定，没有持续发福的猫。

② 即使猫每天躺着不动也需要能量来维持生命的基本需求，这部分的能量叫作静息能量需求，计算公式是 $RER(kcal/day)=70 \times$ 理想体重 $^{0.75}$（体重单位为 kg），简化一下公式，更方便计算：$RER(kcal/day)=30 \times$ 理想体重 $+70$，这种计算方式更加适合持续发福的猫。

● 给猫咪减肥不宜操之过急

需要注意的是，给猫咪减肥不宜操之过急，一般来说每个月减去猫原本体重的 0.5% ~ 2% 比较合理，过度地限制能量摄入会加剧饥饿感，可能会引起翻垃圾桶、偷吃等不良行为问题，还可能增加肝脏脂肪沉积的风险。

减肥第二步：增加每日的能量消耗。

运动最直接的好处是增加猫每日

● 用逗猫棒让猫跑动和跳跃有助于猫咪控制体重

的能量消耗，除此之外，有规律地持续运动能够提高猫的肌肉组织量。每天15～30分钟，每周5次，运动的方式可以选择逗猫棒（让猫跑动和跳跃才算运动，躺着伸手捞逗猫棒可不算哦）、通天柱、猫隧道、漏食玩具、猫跑步机，部分猫经过脱敏也可以穿戴胸背去户外散步。

（3）猫特发性膀胱炎可能与猫生活的环境、紧迫的压力以及应激相关，因此，找出环境中的应激源是有必要的，这份问卷或许对家长有一定的帮助。

猫的膀胱炎原因调查问卷表

空间	
1	家中的每只猫是否都有可以躲藏的场所或绝对安全的位置
2	猫是否拥有可以安心休息的地方，在休息的时候不被人或其他动物打扰
3	当猫独自在家时，会播放电视或音乐吗
4	家外面有什么声音或味道令猫感到不悦吗
食物与水	
1	家中的每只猫都有自己的饭碗吗
2	家中的每只猫都有自己的水碗吗
3	猫吃饭或饮水时会被其他动物悄悄接近或打扰吗
4	是否每天都清洁饭碗和水碗
5	你会放置不同的食物让猫选择吗
6	是否为猫提供漏食玩具或益智玩具
猫砂盆	
1	家中猫砂盆的数量是否为猫+1？猫砂盆是否放置在通风、安静的地方
2	猫砂盆是否足够大（长度从猫的鼻子到尾巴尖）

猫砂盆	
3	猫砂盆有盖子吗
4	清理猫砂盆（铲屎）的频率是否为每天至少一次
5	每周是否完全清洁猫砂盆（清洗、换砂）
6	使用的猫砂是否有香味
7	是否频繁更换猫砂种类或品牌
8	当更换猫砂的种类或品牌时，是否会保留着原有的，供猫选择

活动	
1	每只猫都可以在家中自由攀爬、探索、玩耍吗
2	每只猫是否都有垂直猫抓板或可供磨爪的工具
3	它们每天都会使用猫抓板吗
4	猫有足够的攀爬空间（猫爬架、通天柱等）吗？是否每天使用

玩耍	
1	猫每天都能和人类或其他动物玩耍吗
2	猫喜欢玩玩具吗
3	猫有模仿捕猎的玩具吗
4	玩具是否会定期更换一批新的

社交	
1	猫能够远离其他动物或人吗
2	主人每天能陪伴猫的时间有多长
3	主人每天有多少时间抚摸猫，陪猫玩耍

（4）费洛蒙的使用

人类通过互联网查看时事新闻，了解世界，而猫则通过读取其他猫在环境中留下的信息，与之交流，信息素即是它们之间沟通的桥梁。费洛蒙是合成的信息素，或许能够减少猫在陌生环境中的焦虑。当猫进入新的环境时，可提前在环境中使用费洛蒙，让猫在初来乍到时接收到费洛蒙传递的信息，让猫更有安全感。

● 费洛蒙可让猫更有安全感

心脏疾病

心脏疾病在猫临床中越来越多见，并且疾病的种类繁多。猫的心脏病可能与营养性、传染性、内分泌性、遗传性等因素有关，其中心肌病是猫最主要的心脏病，形式包括肥厚性、限制性、扩张性等。

在20世纪80年代，缺乏牛磺酸导致的扩张性心肌病是常见的继发性心肌病之一。人们认识到牛磺酸对猫的重要性，商品主食的营养添加剂中我们常常可以看到牛磺酸的出现，国标、AAFCO、FEDIAF对猫粮中的牛磺酸含量也有一定的要求。

目前，因缺乏牛磺酸导致的扩张性心肌病很罕见，最常发的是肥厚性心肌病（Hypertrophic Cardiomyopathy, HCM），并且该病的发生率可能还在增加。

1. 肥厚性心肌病是什么

肥厚性心肌病简单理解就是：左心室比正常的更加肥厚，通常是由于乳头肌和心室壁增厚，这会导致左心室僵硬，舒张功能下降。发病率高达 15%，这意味着 7 只猫中就有 1 只患有肥厚性心肌病。更可怕的是，肥厚性心肌病在发病前基本不会出现任何异常，吃喝拉撒每天活蹦乱跳，几乎没有人会怀疑自家猫竟然有心脏病，很多时候大家在猫食欲下降、突然呼吸急促、突然双腿瘫痪、甚至死亡时才知道猫患有肥厚性心肌病。

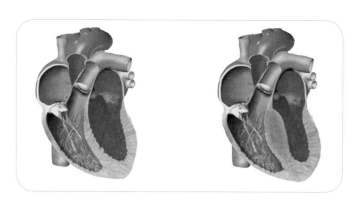

● 猫咪正常的、肥厚性心肌病心脏对照图

猫咪肥厚性心肌病的发病年龄范围从 3 个月到 17 岁不等，发病时间集中在 5 岁到 7 岁，雄性发病率高于雌性。疾病存在于所有品种的猫咪中，几乎涵盖了所有常见的家养猫咪，包括缅因猫、布偶猫、美国短毛猫、英国短毛猫、中华田园猫、加菲猫、德文卷毛猫、异国短毛猫、波斯猫等。

2. 患病的原因与预防手段

肥厚性心肌病听起来与肥胖相关，但它其实是一种遗传性疾病（尽管肥厚性心肌病与肥胖无直接关系，但还是建议让猫保持健康体态，当猫超过理想体态时，应进行科学的、循序渐进的减肥计划）。目前已知其发病与两种不同的致病基因 R820W 和 A31P 有关，R820W 在布偶猫中的患病率为 27%（25.6% 为杂合子，1.4% 为纯合子），A31P 突变在缅因猫中的患病率为 39.4%（36.4% 为杂合子，3% 为纯合子），缅因猫中母猫患病率更高。

3. 诊断

虽然在前面的章节中已经多次强调体检的重要性，但还是要强调，疾病的预防大于治疗，越早发现，越早采取措施，对于延长猫咪生命与提高生活质量非常重要。

（1）关于心脏疾病的体检项目

听诊： 听诊是最基本的检查手段，如果有靠谱的心超医生，首选听诊，若发现出现了奔马律、心脏杂音，则应高度怀疑猫咪患有心脏疾病，建议进一步检查（心脏超声、X 线片、心电图、fNT-proBNP 检查等）。但没有心杂音，也不代表没有心脏病。

心脏超声： 心超检查对于医生的超声水平及 B 超设备有着极高的要求。医生的技术和判读能力对于疾病的诊断至关重要，在心脏超声检查中，应该对心脏形态、瓣膜运动情况、心腔内血流情况、临近大血管情况以及心功能等进行评估。心超报告可作为评估治疗效果的依据，并进行跟踪调查。

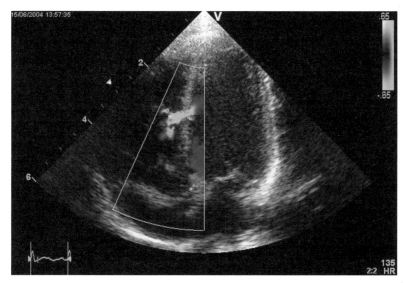

● 心脏超声图

在肥厚性心肌病的超声诊断中，需要重点评估左心的情况，包括左心房大小、左心室壁厚和左心室内径，以及左心房和左心室缩短分数，评估的重点指标是舒张末左心室室壁厚度。

正常情况下，舒张末左心室室壁厚度小于5.0mm；舒张末左心室室壁厚度为5～6mm，则评估为灰区；≥6.0mm，则提示为心肌肥厚；

需要注意的是，心肌肥厚也不代表就是肥厚性心肌病，还需要排除其他会引起心肌肥厚的疾病，如高血压、甲亢、一过性心肌肥厚等。

（2）fNT-proBNP

fNT-proBNP是一种快速检测心肌病的工具，在没有条件做心脏超声或麻醉手术前可以替代心脏超声使用，比如在紧急情况下，如猫咪发生了呼吸窘迫综合征时，可以用于区分心源性和非心源性的呼吸窘迫症。需要注意的是，就算fNT-proBNP检查结果正常，也不代表猫咪没有患心脏病。

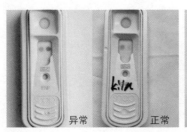

测试：fNT-proBNP
产品批号：NBQKA01V
产品有效期：2022.08.15

结果：
58.79 pmol/L
参考值：
< 200 pmol/L

正常

异常　　　　正常

● fNT-proBNP 测试工具与结果

（3）X线检查

X线检查诊断虽然对于肥厚性心肌病的意义并不大，但若发现心脏超声异常、fNT-proBNP的异常指标，推荐进一步使用X线检查。它对于已经发生了充血性心力衰竭的患猫有重要的诊断意义，能够评估是否有肺水肿或胸腔积液的情况，还可用于评估充血性心力衰竭引起的肺水肿的进展情况，进一步了解是否有好转或恶化。

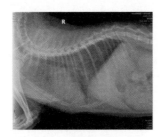

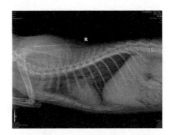

● 猫发生肺水肿　　　　　● 治疗2天后，肺部已经有明显好转

（4）血液检查

在约85%的高血压病例中可以观察到左心室的增厚，这是一种机体的代偿性改变，并非真正的肥厚性心肌病（也就是前文提到的"心肌肥厚也不代表就是肥厚性心肌病"），所以若在心超检查中发现心室增厚，建议进行血压检查。

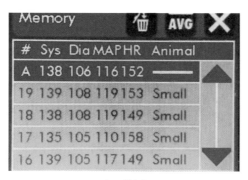

● 血压检测图

（5）心电图

绝大部分猫在非麻醉、镇静状态下，情绪比较激动，很难安静配合做完一套心电图，所以心电图一般不作为猫心肌病筛查的首选方案，但是在心率失常、检查出患有心脏疾病的病例中，心电图检查是非常有必要进行的。

心电图对于心律失常的诊断与监护很重要，对于麻醉监护以及电解质的意义也很大，若有必要，可以居家进行 ECG 的记录。

（6）血清总甲状腺素测量

甲亢是中老年猫中最常见的内分泌疾病，甲亢可能导致听诊异常、心脏重塑，所以血清总甲状腺素浓度是一项对于中老年猫而言非常重要的检查。7 岁以上的猫咪若怀疑患有肥厚性心肌病，建议做该项检查。

（7）基因检测

目前已知肥厚性心肌病的发病与两种不同的致病基因有关，这两种致病基因分别为 R820W 和 A31P，出现在缅因猫和布偶猫身上。正规缅因猫与布偶猫舍一般会提供相应的基因检测证明，其他品种暂时未研究出品种特异性的致病基因。

4. 心肌病的分期

ACVIM 猫咪心肌病分期

● 猫咪心肌病分期对照图

根据 ACVIM（American College of Veterinary Internal Medicine，全美兽医内科医学院）的共识声明指南，将猫的心肌病分为以下几个时期。

阶段 A： 有心肌病的倾向，属于高发品种，如布偶猫、缅因猫、英国短毛、美国短毛、异国短毛猫等，或者存在家族病史。目前的检查中没有发现疾病的指征，各项检查没有问题，舒张末左心室室壁厚度小于5.0mm，各腔室大小正常。建议每隔 1～2 年定期进行较为完善的体检即可。

阶段 B1（低风险）： 心房正常、轻度增大，出现充血性心力衰竭或动脉血栓的风险较低；

阶段 B2（较高风险）： 心房中度、严重增大，出现充血性心力衰竭或动脉血栓的风险较高；

阶段 C： 既往出现了或正在出现充血性心力衰竭或动脉血栓；

阶段 D： 出现了充血性心力衰竭，且对常规治疗手段反应不佳，需要密切监控。

5. 即使确诊也不要灰心

即使猫确诊肥厚性心肌病也不要灰心，因为并不是所有患有肥厚性心肌病的猫咪都会发病，一份调查显示，1008只患有肥厚性心肌病的猫，30.5%发生了并发症。但大家千万不要灰心，少数临床前HCM/HOCM猫的寿命较长，10%可达到9～15岁。

6. 营养管理

营养可能在心脏疾病的治疗中发挥作用，在心脏疾病早期，制订科学的营养管理方案，对于控制心脏疾病的进展、提高患病猫的生活质量有一定的帮助，以下是心脏病猫的一些饮食建议。需要强调，与健康猫一样，心脏病猫的饮食调整同样需要7～10天的过渡期，大家千万不要因为担心猫的健康，就迫切地改变饮食，造成猫对新饮食方案不适应。一旦发现猫无法适应新饮食方案导致摄入量降低，请及时联系兽医。

● 制订科学的营养管理方案，可提高患病猫的生活质量

（1）蛋白质

建议为心脏病猫提供充足的热量以及优质的高蛋白饮食，除非同时患有严重的肾病，否则不建议限制心脏病猫的蛋白质摄入，否则会导致肌肉流失与体重减轻。

（2）钠

患有心脏疾病的猫，心排血量减少，排泄钠的能力下降，因此在饮食中需要特别关注钠的摄入。目前的研

● 患心脏病的猫，需特别注意饮食中的钠含量

究尚未明确应该在哪个阶段限制钠的摄入量，不过，过早的（无症状时）低钠含量饮食可能会激活肾素－血管紧张素－醛固酮系统。

因此，在心脏病早期（未出现临床症状时），饮食方面建议避免摄入过多的钠，市面上大部分商品主食的钠含量（主要看 NaCl 指标）都是比较合理的，正常喂食即可。需要注意的是，人类的剩饭残羹普遍高盐（钠含量很高），应避免喂猫。除此之外，患心脏病的猫常常需要服用一些膳食补充剂或药物，大家可能会选择高适口性零食包裹着或混合着喂食，在这类零食的选择上也要考虑钠含量，许多零食可能会通过增加盐分来提高适口性。

当猫因心脏病出现临床症状时，《犬猫营养学》建议将主食中的钠含量控制在干物质的 0.3% 以下，根据 NRC《国际通行权威宠物营养标准》中的"宠物饲料中选定原材料中大分子矿物质的来源"的说明，氯化钠中钠含量为 39.32%，氯含量为 60.68%，也就是 NaCl（水溶性氯化物）含量干物质值小于 0.76%。当猫心脏病出现临床症状时，《犬猫营养学》建议将主食中的钠含量控制在干物质值 0.3% 以下。另外，对于有心脏病的猫，还需要考虑猫的个体情况与兽医的建议，选择适合的主食。

一些兽医也可能会推荐心脏病猫食用老年猫粮，他们认为老年猫粮会适当控制钠含量，出发点绝对是好的，但很多老年猫商品主食对钠含量并没有具体的要求，大家在选购时还要注意一下相应的指标。

（3）牛磺酸

上文提到，猫缺乏牛磺酸导致的扩张性心肌病在 20 世纪 80 年代很常见，牛磺酸是猫的必需氨基酸，作用包括与胆汁酸共轭，维持正常的视网膜功能、心肌功能与生殖功能等。

猫自身只能合成少量的牛磺酸，其余的需要通过每日饮食来获取，其中动物的肌肉组织及部分海鲜中牛磺酸含量丰富，部分商品主食中还会通过添加牛磺酸补充剂来满足猫的需求，在我们测评过的几百款主食中，绝大部分商品主食都能够提供充足的牛磺酸，无须再额外补充。

不过，我们也曾发现极少数商业猫粮产品中的牛磺酸含量无法满足猫的营养需求，这可能是由于产品使用了大量植物原料或谷物，或者热加工所导致的，不建议购买。

● 牛磺酸对猫的作用

● 膳食补充剂或有潜在的益处

（4）膳食补充剂

目前没有完整的证据证明膳食补充剂对于未出现临床症状的心脏病猫有益，不过一些研究认为适当地补充不饱和脂肪酸 Omega-3(DHA 与 EPA) 与辅酶 Q10 或许有潜在的益处，一定程度上能够延缓病情的发展。

Omega-3 具有抗炎作用，同时可降低血液黏稠度，保护血管内壁细胞，恢复血管弹性等，建议 EPA 浓度为 40mg/kg/day，大部分商品主食由于食材选择及氧化问题无法达到这个剂量，因此可以通过高品质鱼油补充(注意，是鱼油而非鱼肝油，鱼肝油中维生素 A 与维生素 D 含量较高，过量摄入会对健康带来负面影响)。

辅酶 Q10 是一种抗氧化剂，可作为日常保健品使用，建议补充剂量为 10mg/（10～25）lb，每日两次，一部分兽医使用这类抗氧化剂取得了一定的疗效，但目前的研究对辅酶 Q10 的吸收效率尚存在争议。

7. 日常护理

在照顾心脏病猫时，除了饮食，日常护理还需要重视以下方面。

（1）确诊心脏病后，在以后的治疗中，应第一时间告知兽医病情，在预约体检之前，或进行麻醉、镇静等医疗项目时，都需要更加慎重，兽医也会根据猫的个体情况对麻醉和监护方案进行调整。

（2）定期记录体重变化，建议每周记录体重，确保猫咪日常摄入足够的能量与蛋白质，设法纠正任何原因导致的厌食。

（3）建议在未出现临床症状前进行喂药的脱敏训练，避免猫在必须服用药物或保健品时出现激烈的反抗与应激反应。

（4）限制剧烈运动，保持良好心情，避免应激。猫咪是一种超级"玻璃心"的生物，经常容易吓出病，可以考虑在搬家、托运等特殊情况下使用猫费洛蒙，外出可以提前 2 小时口服加巴喷丁，缓解猫咪情绪。未脱敏或非必要情况下，尽量少出入陌生的环境，以免应激。

● 确诊肥厚性心肌病后，猫需定期复查心脏情况

（5）确诊肥厚性心肌病后，建议定期复查，每半年到一年拍 X 线片、超声心动图以评估左心室室壁厚度以及左心房大小的变化情况，同时测量血压、心电监护，作为后续病情评估和治疗的参考依据。当检查出现左心房严重扩张时，需进行血栓的预防。

（6）对于心脏病猫，主人可提前准备制氧机，用于紧急情况下（充血性心力衰竭）的吸氧。

（7）每日观察猫咪睡眠、静息状态下的呼吸频率是提高生活质量和延长寿命的重要措施。胸廓一起一伏算1次，正常的猫咪睡眠、静息状态下呼吸频率不应大于每分钟30次。若出

● 宠物制氧机可用于紧急情况

现睡眠、静息状态下呼吸次数超过每分钟40次的情况，意味着可能即将发生心力衰竭。这种情况非常危险，请及时联系送医。

🐱 眼科疾病

对人类来说，眼睛是独一无二的"镜头"，通过视觉，我们能够欣赏湖光山色，观看特效震撼的电影，而猫咪的视觉和人类有些不同，比起静物，它们更擅长捕捉与追踪移动的物体，并且猫咪还是近视眼，仅能看清近处的东西，另外它们视网膜中光接收器的组成也与人类不同。

视网膜的光接收器由视杆细胞与视锥细胞组成，视杆细胞用于区分光密度，形成黑白影像，视锥细胞用于接收红蓝绿光，从而形成彩色影像。猫的视锥细胞较少，无法很好地分辨颜色，但视杆细胞较多，再加上它们可以自由调节瞳孔大小，控制光线的进入，因此夜视能力超强，这就解释了为啥在半夜不开灯的情况下，人类上厕所总会磕磕碰碰，而猫行动自如。

小瞳孔　　　　　　　　　　　　大瞳孔

● 猫小瞳孔、大瞳孔对照图

　　对于猫来说，眼睛是重要的感觉器官，眼科疾病也是我们最常收到的询问之一，虽然这些眼科疾病千差万别，一些全身性疾病也可能在眼睛部位出现症状，不过大家最常观察到的异常表现是猫咪流眼泪，因此，本节围绕"猫咪为什么流眼泪"展开。

　　猫咪不会因为吃到美味的食物开心得落泪，也不会因为痛失蛋蛋悲伤得流泪，它们的眼泪基本都是生理性或病理性导致的，原因有很多，不同原因的解决办法也不同，只有找到病因才能解决问题。

1. 结膜炎

　　结膜是半透明的薄膜，大部分暴露于外界，比较容易受到环境刺激和微生物感染。结膜炎指结膜出现炎症的反应，是猫最常见的眼科疾病，常常表现为频繁揉眼、过度流泪、分泌物增多、频繁眨眼、充血、水肿等。造成结膜炎的原因可以分为传染性和非传染性两种。

（1）结膜炎的传染性原因

　　传染性原因包括猫的疱疹病毒Ⅰ型、猫亲衣原体、猫支原体、杯状病毒，详情如下。

猫的疱疹病毒 I 型：疱疹病毒在猫中很常见，有研究表明，在65%的猫身体中检测到疱疹病毒。一旦猫感染疱疹病毒，将终身携带，期间有病毒静止期，但当猫处于紧张、应激状态，发生疾病或免疫抑制性治疗时会再次激活病毒。

疱疹病毒是所有年龄段引起猫结膜炎最常见的原因，治疗比较困难，并且由于病毒的复发或重新被激活，导致结膜炎常常复发，不过如果病情较轻（只出现了少量分泌物），不需要做治疗，但当情况严重，伴随发生角膜溃疡，或形成慢性角膜腐骨病灶时需及时就医治疗。

猫亲衣原体：衣原体是一种细胞内革兰氏阴性菌，猫感染衣原体后，潜伏期为2～5天，特征是结膜炎，偶尔打喷嚏，也可能发热。

猫支原体：一种专性细胞内微生物，主要通过猫之间的密切接触传染，约90%的正常猫经检测发现存在支原体，正常猫检测出支原体不需要治疗。

杯状病毒（FCV）：杯状病毒是高度传染性的病原，会引发口腔及上呼吸道的症状，临床症状除了常见的打喷嚏、鼻腔分泌物增多、流口水、口腔溃疡与发热，也可能出现结膜炎，不过由杯状病毒引起的结膜炎较轻微。

● 猫咪结膜炎或表现为眼睛充血水肿

（2）结膜炎的非传染性原因

非传染性原因包括被毛异常（双行睫、倒睫、睫毛异位）、干眼症、异物刺激、过敏等。

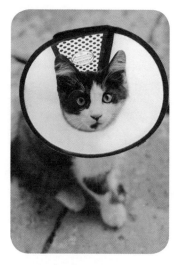

● 猫在上药期间，可戴上伊丽莎白圈防止抓挠

当眼睛有少量分泌物，结膜轻微发炎时，可以先在家观察几天，给猫戴上伊丽莎白圈防止抓挠，轻症的病例可在家用一些常见的眼药，包括：妥布霉素滴眼液，氧氟沙星滴眼液，一天3～5次；红霉素眼膏，一天2～3次。

戴上伊丽莎白圈，同时滴眼药，如果在家观察3天后仍没有好转，甚至角膜出现了不透明化，或更严重情况时应及时就医。

2. 角膜病

猫咪的角膜水平直径约17mm，垂直直径为12～16mm，它的主要功能是折射光线。角膜表面分布着密密麻麻的神经末梢，任何微小的刺激、损伤及病变都会引起疼痛。再者，因为神经末梢分布在角膜上皮层下，因此浅层的溃疡疼痛感明显高于深层溃疡。

角膜溃疡指的是角膜上皮的缺失，为了方便大家理解，可简单分为外伤性角膜溃疡和病毒性角膜溃疡。

● 角膜出现了不透明化

（1）外伤性角膜溃疡

外伤性角膜溃疡常常是由于打架、撞击、摔伤、洗澡时浴液刺激、异物、自损所导致的，发病突然，常见的表现包括眯眼、流泪严重、结膜红肿、几天后会出现眼睛分泌物增多，多为黄色黏稠状。

当猫咪出现上述表现时，需要及时戴上伊丽莎白项圈进行保护，防止猫咪抓蹭，同时前往医院做角膜荧光检查就可以确诊是否有溃疡。

● 外伤性角膜溃疡或表现为结膜红肿

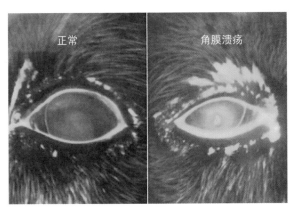

正常　　　　　角膜溃疡

● 角膜荧光检查

猫咪的角膜厚度是 0.5mm，一般的浅表角膜溃疡（伤及角膜的上皮，但并无伤及角膜的基质）虽然非常疼，但一般 7 天就会愈合，猫咪常常在复诊之前就已经完全康复了。如果一周后仍没有愈合，则需要仔细找出导致溃疡的原因，深层角膜溃疡的治疗往往需要外科治疗以及更长的恢复时间。

● 脓性眼睛分泌物

（2）病毒性角膜溃疡

疱疹病毒、杯状病毒、支原体等很多原因会导致病毒性角膜溃疡，常见表现包括眯眼、流泪、脓性眼睛分泌物、结膜红肿、单眼或双眼发病，对比外伤性角膜溃疡，病毒性角膜溃疡更常见，在临床病理中占比最高。

部分猫还可能出现呼吸道症状，以及打喷嚏、无精打采、食欲减退、低烧等症状，有些猫持续时间久，症状反复发作，可能使用一些眼药后症状会好转，一旦停药后症状又出现，反复出现

● 单眼角膜病

症状一般是浅表性角膜溃疡或病毒性结膜炎。

病毒性角膜溃疡的治疗方案如下。

①服用抗病毒口服药：泛昔洛韦，按照药物剂量，使用足够的时间；

②滴眼药水：保湿——人工泪液，抗病毒——更昔洛韦，消炎——红霉素眼膏或辉瑞眼膏，用药次数很重要，一天5次；

③佩戴隐形眼镜。

没错！猫也能够佩戴隐形眼镜，也就是角膜接触镜，一般选择M或L号，主要目的是缓解角膜溃疡带来的疼痛，减少病因带来的溃疡加重，在避免毛发刺激的同时避免角膜暴露，延长药物停留时间（上班族或许无法频繁为患猫滴眼药，而佩戴隐形眼镜可减少滴眼药的次数），加速

溃疡的愈合。另外，当角膜发生深层溃疡时，还能够起到物理支撑作用。

● 当角膜发生深层溃疡时，隐形眼镜能够起到物理支撑作用

（3）角膜异物

角膜异物虽然偶有发生，但必须引起大家的重视，主要分两种情况，异物附着在表面或异物穿透角膜。猫咪可能会出现尖叫、眯眼、流泪、眼睛分泌物多、结膜红肿，小部分情况下大家肉眼可以观察到异物，大部分情况需要兽医使用光源放大设备（裂隙灯）观察，无论哪种情况，都需要前往医院及时将异物取出，以减轻猫咪疼痛，防止感染。

● 结膜红肿

（4）角膜腐骨

角膜腐骨也就是角膜坏死，所有品种都可能发生，其中加菲猫更常见。单眼或双眼发病，患猫表现为长期眯眼、结膜红肿、眼睛分泌物多、轻微

● 发病的角膜腐骨

疼痛、流泪，也可能出现有时眯眼，有时又可以正常睁开眼睛（当注意力集中时可以睁开眼睛），角膜上出现黄色、褐色、黑色斑块，时间越久，斑块越黑。

在临床上，角膜腐骨是患猫的常见病史，大部分与疱疹病毒相关。

（5）角膜腐骨的治疗

角膜腐骨的治疗可以分为保守的药物治疗与手术治疗。

保守治疗：如果兽医认为是浅层的腐骨，同时猫未表现出明显的疼痛感，可以考虑用滴眼药的方式保守治疗，并定期复查，有时腐骨能够自行脱落。

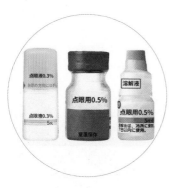

● 角膜腐骨的眼药

需要注意的是，这种方式治疗的周期非常长，多数需要6个月以上，有的甚至长达2年，对于上班族而言难度较大，需要每天多次为猫滴眼药水。如果猫不配合，长期强迫滴眼药水可能造成应激，并且，长期使用抗生素眼药会产生耐药性。

手术治疗：角膜腐骨会伴有角膜溃疡，溃疡导致疼痛，长期疼痛会影响猫咪的生活质量，还可能令它出现行为异常。

如果腐骨很深，自然脱落可能有角膜穿孔的风险，若主人没有及时发现，会导致猫失明，甚至摘除眼球。为了避免这种情况，建议进行手术治疗，手术方案需要根据不同情况定制，病情严重程度不同，切除的范围和深度也不同。手术的目的是治疗疾病，提高猫咪的生活质量，尽可能减少术后角膜瘢痕，恢复视力。

3. 眼睑病

眼睑，俗称眼皮子，由皮肤、肌肉、睑板和结膜等组织构成，它就像自动开合的大门，保护着猫咪的眼球，如果眼睑的位置或功能出现异常，就会出现流泪、分泌物增多等现象，影响猫咪的日常生活。

（1）眼睑内翻

眼睑内翻，顾名思义，指的是眼睑的边缘向眼球方向内翻，这种眼睑异常比较常出现在缅因、加菲、美短、英短身上，大多数是下眼睑内翻，症状包括眯眼、眼睛分泌物多、流泪、结膜红肿、频繁抓挠眼睛、下眼睑毛发潮湿。

另外，猫虽然没有睫毛，但眼睑边缘有一排毛发，眼睑内翻会使得毛发刺激角膜，可能导致角膜溃疡，甚至角膜穿孔。

● 眼睑内翻症状或为眯眼

（2）眼睑内翻的治疗

眼睑内翻一般需要手术治疗，手术相对简单，兽医会根据品种、眼睑内翻的位置和程度制订具体的手术方案，一般一周即可恢复正常。若眼睑肿胀严重，建议住院护理。

● 角膜溃疡长期不愈合可能导致角膜腐骨

铲屎官
专家点拨

当猫出现眼睑内翻时建议尽早治疗（手术建议选择在猫成年、面部发育正常后进行）。若因眼睑内翻导致角膜溃疡，角膜溃疡长期不愈合还可能导致角膜腐骨，此时再进行手术还需要同时解决角膜腐骨问题，会增加手术难度及费用。

● 眼睑缺失

（3）眼睑缺失

眼睑缺失，就是没了上眼皮，这是一种先天性的疾病，发生在上眼睑外侧，毛发会一直刺激角膜，导致猫长期出现眯眼、疼痛、流泪、眼睛分泌物多，多数是双眼发生，所有品种均会发病，但更多见于流浪猫。

（4）眼睑缺失的治疗

眼睑缺失需要手术治疗，手术方案可以取口腔颊黏膜移植到缺失的眼睑位置，或取唇瓣移植到缺失的眼睑位置，手术难度较大，属于整形手术。手术目的是为了让毛发不再刺激角膜，缓解猫的疼痛，提高生活质量。

4. 泪器病

泪液系统包括泪腺与第三眼睑腺、副泪眼腺体、泪膜、泪点、泪管、鼻泪管、鼻孔，当泪液功能异常时就会出现泪器病的症状，这里主要说说泪点缺失与鼻泪管堵塞。

（1）泪点缺失

猫每只眼睛拥有两个泪点，位于上、下眼睑，靠近眼角处。当单个或上下泪点缺失（无泪点），泪液无法进入泪小管时，就会从内眼角流出来，这种情况可以通过泪点再造的手术解决。

（2）鼻泪管堵塞

鼻泪管堵塞比较常见，多数与病毒有一定的关系。幼猫因疱疹病毒导致结膜肿胀严重，同时鼻泪管也发生肿胀，导致鼻泪管的内壁粘连，

无法恢复到正常状况，眼泪无法进入
鼻泪管，出现泪溢的症状。

（3）鼻泪管堵塞的治疗

在鼻泪管堵塞的治疗中需要注意，
不建议强行疏通，可能会导致鼻泪管
破裂。一些医生也尝试过鼻泪管再造
手术，通过一个新的管道将眼泪引流
到口腔内，以此改善猫泪溢情况，虽

● 幼猫鼻泪管堵塞

然术后短期效果不错，但在3～6个月后新的通道会因为各种原因再次
堵塞，导致手术失败。

5. 葡萄膜炎

葡萄膜炎是常见的眼科疾病，也是导致猫失明的重要疾病之一。根
据受影响组织，可分为前葡萄膜炎、后葡萄膜炎与全葡萄膜炎。无论是
哪种葡萄膜炎，临床表现都比较相似，包括眯眼、流眼泪、结膜红肿、
充血、角膜水肿、前房透明性差、前房积脓或积血、虹膜充血等。

● 葡萄膜炎或表现为虹膜充血

需要特别注意的是，葡萄膜具有丰富的血管，全身性疾病的影响容易使其产生反应，若是幼猫双眼出现症状，则务必检查全身性疾病，重点排查传染性腹膜炎。检查确诊葡萄膜炎费用较高，但全身性疾病检查（包括眼睛检查、身体检查、血液检查、病毒检查、影像检查、房水检查或活检）不可以省略。

6. 青光眼

青光眼同样是导致猫失明的重要疾病之一，它是因高眼压导致视觉功能难以维持的状态（猫正常眼压 10mmHg ～ 25mmHg），分为原发性和继发性，猫的青光眼大多属于继发性，可能单眼发生，也可能双眼同时发生，常表现为眯眼、流泪、眼睛分泌物增多、结膜充血、巩膜充血、眼球增大、角膜水肿。许多猫还会出现房水的倒流综合征，眼球逐渐增大，到一定程度导致眼睑无法闭合（牛眼）。

● 青光眼

导致继发性青光眼的原发病很多，例如角膜溃疡、角膜穿孔、猫传染性腹膜炎、猫白血病病毒感染、晶状体诱发性葡萄膜炎、弓形虫、隐球菌、高血压、凝血功能异常、淋巴瘤等。

青光眼会造成疼痛，及时治疗可以让视力维持更长时间，如果已经确认无法恢复视力，并且出现牛眼，兽医一般会建议摘除眼球来提高生活质量。单眼对于猫来说不会有自卑感，也不太影响生活质量。

后记

　　恭喜大家看到这里，这代表这本书已经被各位攻克！不管是已经有猫的，还是正在准备养猫的小伙伴，感谢你们看完这本书，感谢你们为猫做出的这份努力。

　　每一只猫都是因为缘分才会来到我们身边的，希望猫咪们健健康康，跟主人一起愉快地度过一段有意义的时光。

　　也希望大家在照顾好猫的同时也照顾好自己。感谢选择这本书作为你们养猫启蒙或反省回顾的起点。我们深感荣幸！